# PARTERRE

## DE

## FLORE.

DE L'IMPRIMERIE DE RICHOMME,
RUE SAINT-JACQUES, N°. 67.

# Parterre de Flore

avec

12 Gravures coloriées

**A PARIS**

Chez Louis Janet, Libraire,

*Successeur de son Père*

Rue St Jacques No 59.

# PRÉFACE.

Quoi, dans la nature, de plus intéressant que les fleurs! Elles sont l'ornement de nos campagnes, la parure des belles; leur doux parfum influe sur toutes nos sensations. Au milieu d'un parterre, le chagrin le plus cuisant fait place à la plus douce mélancolie. Combien de poètes doivent d'aimables inspirations aux fleurs ! Les Dubos, les Castel, les Mollevault, les Fontanes se sont plu à rendre aux fleurs un gracieux hommage. Aussi, depuis l'antique et célèbre *Guirlande de Julie*, jusqu'à la moderne *Guirlande de Flore*, que de jolis vers ont fait naître les fleurs ! C'est la *Guirlande de Flore* que je me suis proposée pour modèle. Une multitude de plantes n'y purent figurer ; je les ai rassemblées dans ce PAR-TERRE. Je n'ai pas la prétention de la faire oublier, mais bien d'en offrir le complément. Sans doute, je passe légèrement sur les caractères botaniques de quelques fleurs ; mais j'ai cru, sans prendre la peine d'en compter les pétales, les étamines, pouvoir les faire assez connaître, chacune, par leurs couleurs, leur suavité et leurs propriétés plus ou moins singulières. Plaire aux dames a été mon unique objet ; je me suis efforcé de leur cacher les épines de la science, sans leur en dérober les fruits : dois-je me flatter d'avoir réussi ?....

# PARTERRE
## DE FLORE.

## PRIMEVÈRE.

LA Primevère est une plante originaire d'Europe, basse et vivace, dont le nom fait allusion à l'aimable propriété qu'elle a d'offrir, dès le mois de mars, des fleurs odorantes, mêlées ou bordées de couleurs diverses, tantôt grandes, tantôt petites, et indifféremment simples ou doubles.

> Sur le gazon la tendre Primevère
> S'ouvre et jaunit, dès le premier beau jour.

Nos jardins sont parés de nombreuses variétés de cette fleur.

> Peinte des feux de l'Orient,
> La Primevère offre, en modèle,
> La coupe qu'Hébé, souriant,
> Présente à la troupe immortelle.

Quelques Primevères refleurissent en automne. Cette plante portait, au seizième siècle, en France comme en Italie, un nom assez singulier; je ne sais, en vérité, à qui faire honneur du *Bracche di Coculo*. On lui donnait aussi le surnom d'*Herbe à Paralysie*; cette vieille réputation nous paraît aujourd'hui passablement ridicule; il est vrai que les fleurs de la Primevère ont l'avantage de parfumer le vin; et ses racines, la bière. Quoiqu'il en soit, le plus grand mérite de cette plante, à nos yeux, sera toujours de figurer à merveille sur nos fenêtres dans de modestes pots; d'entrer dans les compartimens de nos parterres, et de répandre sur nos plate-bandes un coup-d'œil enchanteur.

## BALSAMINE.

Cette plante doit son nom de Balsamine ou *Baume* à l'usage qu'avaient les anciens de la faire entrer dans la composition d'un certain baume qui n'est point parvenu jusqu'à nous. La tige de la Balsamine est basse, molle, aqueuse ; ses feuilles sont étroites, dentées et d'un beau vert ; ses fleurs, qui paraissent en juillet, et dont nous jouissons jusqu'en septembre, sont ou purpurines, ou blanches, ou panachées de nuances différentes. La Balsamine est assurément jolie , ses touffes sont agréables ; cependant elle n'est pas très-recherchée. Cette plante offre deux particularités assez remarquables : d'abord c'est de lancer, quand sa capsule est mûre , sitôt qu'on la touche , ou même en se contractant, les graines qu'elle contient. On remarque ensuite que ses feuilles luisantes, et d'un beau vert pendant le jour, se ferment pendant la nuit ; l'on a comparé fort ingénieusement cette coutume de la Balsamine au manége d'une femme coquette qui , privée de beauté, s'apprête et se compose , tout un grand jour, pour briller le soir, quelques heures , dans un cercle. Du reste la .

Balsamine joue un rôle obligé dans les plate-
bandes de parterres.

⸻⸻⸻⸻⸻⸻

# VERVEINE.

Au seul nom de Verveine, comment se défendre ou d'un rire involontaire, ou d'un respect superstitieux. Quelle plante a joué, dans
l'histoire profane, un rôle à-la-fois plus ridicule et plus imposant. Sous le nom d'*Herbe
sacrée*, la Verveine se trouve dédiée à Vénus,
dont probablement elle favorisait le doux culte;
plus tard, les Romains s'en servent pour né-
toyer les autels de Jupiter : c'est au moins ce que
nous apprend l'étymologie de ce nom de Verveine. Chez les anciens Perses, les mages en font
une consommation prodigieuse pour adorer le
soleil, qui, par parenthèse, devait se trouver bien
flatté d'un pareil hommage ; enfin, ces vieux
druïdes, dont nous respectons si fort la mémoire dans ce siècle de lumières, coupaient

en grande pompe la Verveine au printemps.
Mais ce n'est pas tout encore : il suffisait, au
bon vieux temps, de tenir de la Verveine dans sa
main pour se concilier la faveur et l'amitié de
ceux qu'on abordait. O vertu miraculeuse !
combien les sots, les fats, les ennuyeux et les
méchans du jour, que nous aimons (Dieu sait
comme), doivent regretter que tu n'existes
plus. C'est d'après cette même propriété que la
Verveine s'employait dans les parlementaires,
en guise d'olivier. Les payens en remplissaient
encore leur maison pour chasser les mauvais
esprits; et nos sorciers modernes ont appris,
de ces idolâtres, à faire entrer cette herbe dans
leurs prétendus enchantemens.

La Verveine est regardée, avec raison,
comme l'emblême de la superstition. Le naïf
Passerat disait, en son temps :

Verveine, chasse-mal que les dieux ont chéri,
Montre-moi ta puissance, et d'amour me guéri.

On connaît plusieurs variétés de Verveine

toutes également cultivées ; celles-ci donnent des fleurs en avril ; celles-là, en juillet : quelques-unes de ces fleurs sont assez jolies ; cependant les dames n'en font pas un cas extrême, sans doute pour n'avoir pas l'air superstitieux.

~~~~~~~~~~~~~~~~~~~~~~~~~~~~~~~

## GRENADILLE.

LES Grenadilles éclatantes,
Allongeant leurs flexibles mains,
Escaladent le front des plantes,
Et s'unissent à leurs destins.

La Grenadille porte aussi le nom de *Passiflore*, ou *fleur de passion*. En effet, l'on a cru retrouver dans son calice, la couronne d'épines, les fouets, la colonne, l'éponge, les clous, les cinq plaies ; enfin, tous les instrumens de la passion de Jésus-Christ. Les Indiens appellent la Grenadille *Maracot*.

La Grenadille est originaire de l'Amérique
~~~~~~~~~~~~~~~~~~~~~~~~~~~~~~~

méridionale ; on en connaît quinze espèces différentes. Je passerai sous silence la Grenadille *quadrangulaire*, dont la tige, quoique rampante, s'élève quelquefois depuis trente jusqu'à soixante pieds même ; la *pommiforme*, qui doit son nom aux fruits qu'elle porte ; la Grenadille *biflore*, qui s'élève à la hauteur de dix pieds ; dont les fleurs paraissent en août, sont petites, blanches et couronnées de jaune. Les espèces les plus intéressantes sont la Grenadille *bleue*, *l'incarnate*, et la Grenadille *ailée* ; la première est un arbrisseau susceptible de s'élever jusqu'à vingt pieds de haut ; ses feuilles sont nombreuses, et d'un vert foncé ; ses fleurs, solitaires, paraissent en juin, et durent jusqu'en novembre ; elle donne un fruit gros comme un œuf, d'un jaune orangé, mou, pulpeux, qu'on mange en Amérique et en Italie.

Les fleurs de la Grenadille *incarnate* sont blanches, grandes, et portent, vers leur centre, une couronne purpurine. Les fruits de cet

arbuste, quand il est mis en serre chaude,
acquièrent une saveur agréable, et deviennent,
en mûrissant, un fort bon manger.

Quant à la Grenadille *ailée*, ses feuilles
sont ovales, ses fleurs grandes, pendantes,
rouges dans l'intérieur, et très-odorantes.

## MANDRAGORE.

La Mandragore qu'on arrache,
Long-temps résiste avec effort,
Jette un grand cri, frappe de mort
Le bras hardi qui la détache.

Rien de plus certain.... Jadis la Circée, que
nous appelons Mandragore, laissait échapper
de sa racine un cri perçant lorsqu'on l'arra-
chait : ce qui fait que les gens qui s'étaient
souillés de ce crime abominable, périssaient
soudain sans savoir comment. En effet, ces
précieuses racines étaient un préservatif assuré

contre les maléfices ; c'est peut-être d'après cette croyance que les Germains fabriquaient pieusement, avec des racines de Mandragore, de petites idoles, auxquelles ils donnaient le nom d'Alrunes ; ils avaient grand soin de ne les pas laisser mourir de faim ; ils faisaient constamment leur toilette ; ils les questionnaient, les consultaient comme des oracles ; et ces racines ne manquaient jamais de leur répondre d'une manière satisfaisante. Puisqu'il nous faut marcher de superstition en superstition, je dirai donc que nos sorciers modernes, forts assurément de la crédulité de ces pauvres Germains, ont, à leur tour, façonné des racines de Mandragore en forme de cuisses, les ont surmontées d'un corps et d'une tête, et présentées, affublées de la sorte, à certains harpagons crédules, en faisant croire à ces imbéciles qu'à l'aide de quelques paroles mystiques, l'argent placé près d'elles doublait chaque jour.

La Mandragore est originaire du Canada,

et dépourvue de tiges, puisque ses feuilles sortent d'une racine à—la—fois longue, grosse, et susceptible de fournir une fécule nutritive ; sa fleur, en forme de cloche, est blanche et purpurine ; l'usage de cette plante est dangereux, bien qu'il paraisse que les médecins les plus habiles de la Chine font entrer la Mandragore dans les remèdes qu'ils donnent aux grands seigneurs, en flattant les infirmes et les vieillards de prolonger ainsi leur existence.

On croit généralement que notre Mandragore est le Dudaïm des Hébreux. Ruben, fille de Lia, en faisant paître ses troupeaux, trouva une Mandragore, plante rare et célèbre alors par les propriétés qu'on lui attribuait. Ruben la porta à sa mère. Rachel ayant demandé de cette plante à Lia, celle-ci lui en accorda, à condition qu'elle lui rendrait ses premiers droits sur Jacob.

~~~~~~~~~~~~~~~~~~~~~~~~~~~~~~~~~~~~~~~~~

# ROSE TRÉMIÈRE.

On a fait de cette fleur l'emblême de l'amabilité.... Je ne sais pas trop pourquoi. On la compare à telle femme d'esprit, qui, piquée des hommages qu'on rendrait à la beauté d'une rivale, s'efforcerait de les détourner à son profit, et de captiver, à son tour, un essaim de trop frivoles adorateurs. Cette comparaison est ingénieuse, mais un peu fausse ; l'amabilité ne cherchera jamais un emblême chez la Rose Trémière, on ne l'y reconnaîtrait pas ; mais les tiges hautes et droites de cette plante ; ses feuilles larges, arrondies, fortement crénelées ; ses grandes fleurs, simples ou doubles, variant depuis le blanc jusqu'au cramoisi foncé ; sa tête se balançant enfin, au gré du zéphir, si majestueusement au-dessus de la plupart de toutes les autres plantes, en font plutôt un emblême de noblesse et de fierté.
~~~~~~~~~~~~~~~~~~~~~~~~~~~~~~~~~~~~~~~~~

Rose Trémière jaune.

Certes la Rose Trémière ne le cède en rien aux autres fleurs, pour la beauté des formes et la majesté du maintien.

La Rose Trémière est originaire de Syrie. Nous lui donnons, en France, une multitude de noms qui ne tendent qu'à jeter de la confusion dans l'esprit des dames ; tantôt c'est la Rose *d'outre-mer*, tantôt la *Passe-Rose*, quelquefois la *Rose de mer*, ou bien la *Rose de Damas*. Les botanistes en ont même fait un genre, connu sous le nom d'*Alcée*, par allusion à la vertu qu'on supposait jadis à ces plantes. Contentons-nous de cultiver et d'admirer la Rose Trémière, sans nous embarrasser du fastidieux cortége de noms et de surnoms dont on assiége sa grandeur.

# ELLÉBORE.

L'ELLÉBORE est la fleur des fous,
On la dédie à maint poète.

Cette plante est célèbre par les propriétés singulières que les anciens lui attribuaient. L'île d'Antycire, vers laquelle on dépêchait tous les gens réputés atteints de folie, offrait une guérison prompte et radicale à ces pauvres diables, grâce à l'Ellébore qui croissait là, dit-on, en abondance. Drusus s'y fit guérir du mal caduc.... Il n'est pas jusqu'à la rage qu'on ne vînt à bout d'apaiser par cet excellent topique. Les filles d'un nommé Prœtus étaient enragées : quelques jeunes gens du voisinage, craignant d'être mordus par ces demoiselles, allèrent implorer le secours d'un vieux pâtre grec, très-renommé par sa grande connaissance des simples, et que l'on appelait

Mélampus. Le pâtre fit soudain usage de l'Ellébore pour ces intéressantes créatures qui, depuis lors, ne mordirent plus personne. Quand
les Gaulois allaient à la chasse, ils ne manquaient jamais de frotter d'Ellébore la pointe
de leurs flèches ; ils croyaient rendre ainsi le
gibier qu'ils tuaient plus tendre. Toute superstition à part, l'Ellébore est remarquable par
ses qualités malfaisantes : ses racines sont
très-âcres. La fleur de l'Ellébore *noir* paraît
en décembre ; celle de l'*Elléborine,* en février
et mars ; l'une est d'un blanc rosé, avec étamines jaunes ; l'autre est jaune, moyenne et
tant soit peu odorante. La fleur de l'Ellébore
ne produit véritablement d'effet que dans les
grands parterres.

# THYM.

JE ne dirai qu'un mot sur cette plante aussi connue que recherchée. Elle est originaire d'Espagne ; son nom, tant soit peu scientifique, bien que certaines dames ne s'en doutent pas, signifie *qui parfume*. On connaît plusieurs variétés de Thym, qu'on met en bordures. Cette plante est rampante et rameuse ; ses feuilles sont petites, terminées en pointe, légèrement découpées sur leurs bords, et d'un vert obscur ; ses fleurs naissent par petits bouquets de six à chaque rang, et sont d'un joli violet. Les propriétés du Thym sont assez connues ; les gourmands, ainsi que les abeilles, les apprécient également. Si le Thym est recherché des unes, parce qu'il leur fournit les élémens d'un bon miel, il est fort utile, pour les autres en qualité d'assaisonnement, puisqu'il excite, éveille leur appétit, et qu'il par fume tous les mets dans lesquels on en fait usage. Le Serpolet, que l'on confond assez naturellement avec cette plante, puisqu'en effet c'est une espèce de Thym, est aussi rampant, vivace, et très-aromatique, de plus, fort grèle ; ses tiges sont, en quelque sorte, de petits fils ligneux, et, comme l'a bien ingénieusement dit une dame, un long brin de Serpolet est, pour ainsi dire, une petite corde sur laquelle on aurait planté des bouquets. Le Serpolet ne croît que sur les terrains arides, qu'il tapisse agréablement ; cet aromate ne rend pas des services moins importans que le Thym à la gastronomie. Quand nous mangeons de ces lapins si tendres, si délicats, si savoureux, à quoi donc en sommes-nous redevables ?.... au Serpolet.

# STATICÉE.

CE nom de Staticée, qui signifie *retenir*, convient d'autant mieux à cette plante, qu'en effet quelques Staticées retiennent le sable autour d'elles. La Staticée est une plante vivace qui produit des fleurs ramassées en boule, et croît dans toutes sortes de terrains. On compte cinq espèces de Staticées ; l'une, qu'on appelle *maritime*, donne de jolies petites fleurs bleues ; la Staticée de *Tartarie*, des fleurs d'un rouge tendre ; la Staticée *crépue*, des fleurs d'un violet clair ; la Staticée à *têtes*, ou *gazon d'Olympe*, est vivace, et croît aux environs de Paris : on en fait le plus souvent des bordures ; ses touffes de feuilles ressemblent assez à un gazon fin ; et l'émail que produisent au printemps ses fleurs, petites, plus ou moins rouges ou blanches, est d'un effet charmant. La Staticée à *larges feuilles*, dont je n'ai rien dit encore, donne, en automne, des fleurs d'un bleu violâtre ; mais elle est la moins recherchée de toutes. En général, la Staticée figure agréablement dans les massifs de parterres.

## PIVOINE.

L'ANTIQUITÉ n'a que trop célébré les vertus miraculeuses de cette plante ; on assure qu'Apollon l'a reçue jadis, sur l'Olympe, des mains de sa mère. On ajoute que, pour peu qu'elle fût suspendue au col, elle mettait à l'abri de toute espèce d'enchantement, et que les démons ( je veux parler de ceux de l'antiquité ) fuyaient loin des lieux où elle était plantée. Nous ne sommes plus au siècle des miracles, ainsi donc la Pivoine est déshéritée de toutes ses facultés merveilleuses ; il ne lui reste plus, de nos jours, dit-on, que la propriété de faire recouvrer la parole presque perdue ; soyons de bon compte, cette propriété

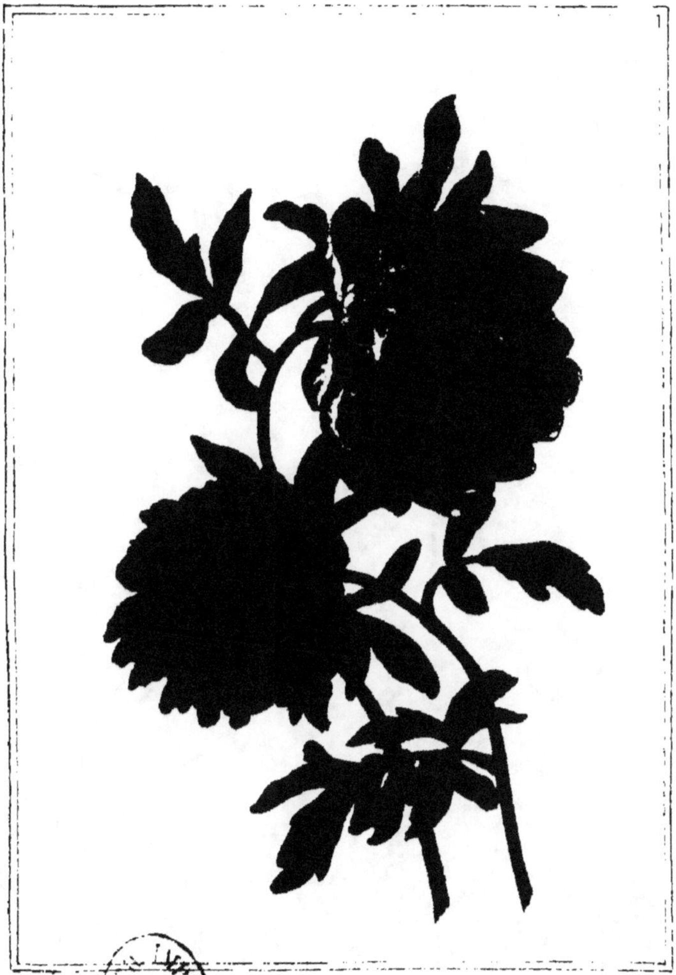

P. Bessa pinx — Teillard sculp

*Pivoine !*

là en vaut bien une autre : j'en appelle à ces dames.

Si l'on me demande maintenant d'où viennent les noms de *Pivoine*, *Pione* ou *Péone*, qu'on donne indifféremment à cette plante, je répondrai qu'un certain Pæon, médecin célèbre, enseigna, le premier, aux hommes, l'usage et les vertus de notre Pivoine commune.

On connaît douze sortes de Pivoine : les unes originaires de Sibérie ; les autres, de la Chine ; l'une d'entre elles, de l'Ukraine ; enfin, la Pivoine *commune* nous vient des Alpes. Cette dernière fait l'ornement de nos jardins par ses larges fleurs blanches, roses, ou d'un rouge cramoisi ; sa culture n'offre aucune difficulté : il lui suffit d'un simple appui qui l'empêche de se coucher vers la terre, lorsqu'il vient à pleuvoir.

La Pivoine *commune*, malgré la similitude des noms, ne doit pas être confondue avec la Pivoine *en arbre*, originaire de la Chine, arbuste qui s'élève de quatre à cinq

pieds ; qui pousse des feuilles assez semblables, il est vrai, à celles de notre plante, mais
bien plus larges ; qui donne, au printemps,
des fleurs plus grandes et d'un fort joli rose.
Je dois dire qu'il est des variétés de la Pivoine *en arbre*, extrêmement recherchées des
amateurs ; j'en ai vu, de cette espèce, chez Noi-
sette, dont le prix variait depuis quinze cents
francs, jusqu'à cent louis.

# LISERON.

Regardez : ce beau Liseron
Dessine sa légère cloche
A travers cet épais buisson
Dont l'épine défend l'approche.

Ce nom de Liseron remplace celui de Liset,
ou petit Lis. Les botanistes en distinguent
deux ; l'un est le Liseron *des haies*, qui s'en-
trelace dans les épines et dans les orties même
pour élever sa tête orgueilleuse. Cette plante

parasite doit être soigneusement détruite, soit en enlevant toutes ses racines, soit en arrachant ses tiges au fur et à mesure qu'elles poussent. Mais, par malheur, ce Liseron, de sa nature, est si profondément enraciné, qu'il pénètre, en serpentant, bien avant dans la terre ; sa tenacité est extrême, et il est presque impossible de le déraciner en entier. Il nous peint, dit M. Lucot, un entêté qui persévère dans son opiniâtreté, et se fait mettre en mille pièces plutôt que de se prêter bénévolement à ce qu'on exige de lui. *Le Liseron des champs,* au contraire, aussi joli et aussi suave que modeste, tapisse humblement la terre ; ce n'est pas qu'il ne chercherait, dans l'occasion, à relever sa tête s'il le pouvait ; qu'il ne se roulerait autour d'un brin d'herbe, si le brin d'herbe avait la force de le soutenir ; mais son ambition est de courte durée ; son orgueil, passager : le naturel l'emporte. Le petit paresseux s'endort tous les soirs avec le soleil, et ne se réveille qu'avec lui.

Il est quelques plantes qui portent le nom de Liseron, sans ressembler, pour cela, beaucoup au Liseron des champs. Je citerai le Liseron *satiné*, originaire d'Espagne, joli petit arbuste toujours vert, dont les feuilles satinées, au moyen du duvet argenté qui les couvre, offrent un joli coup-d'œil dans une orangerie.

# LAURÉOLE.

On donnait le nom de Daphné au laurier d'Apollon; mais ce laurier n'est probablement pas celui dont se couronnait le dieu de la lyre, et tout nous porte à croire que ce ne sont pas non plus les feuilles du Lauréole que mâchaient les Daphnéphages. Ainsi nous considérerons le Lauréole moins comme l'attribut de la gloire, que comme le symbole de la respectable faculté. Nonobstant ce préambule, qui n'est point à l'avantage de notre arbuste, nous n'en

conviendrons pas moins qu'il figure agréablement dans nos jardins. Les botanistes, toujours
empressés de reculer les bornes de la science,
ont compté jusqu'à douze espèces différentes
de Lauréole ; le plus grand nombre sont indi-
gènes, et ce sont les Lauréoles *commun*, *mé-
zéréon* et *paniculé*. Les Alpes ont leur Thy-
mélée, ou Lauréole *cneorum*, dont les fleurs
petites, nombreuses, d'un rose foncé, d'une
odeur suave, durent un mois environ. Il est
un autre Lauréole, habitant des Alpes, que
nous ne devons pas non plus dédaigner ;
car ses fleurs, qui paraissent en mai et juin,
et se grouppent agréablement par cinq et six
ensemble, sont non moins jolies qu'odorantes. L'Italie, à son tour, se glorifie de produire
aussi son Lauréole, arbuste qui s'élève de trois
à quatre pieds ; dont les feuilles, placées sans
ordre, sont persistantes et d'un vert brillant ;
dont les fleurs, formées en ombelle, sont blanches et velues en dehors, d'un rose tendre en
dedans, et d'une odeur suave. Les Côtes de la

Mer—Noire possèdent elles-mêmes un Lauréole *à feuilles de citron*, qui n'offre, il est
vrai, rien de bien remarquable, non plus qu'un
certain Lauréole *de la Chine*, qui ressemble
au surplus, au Lauréole commun.

Pline prétend que la feuille du Lauréole
brûle la bouche et le gosier, quand on la mâ-
che, et qu'elle va jusqu'à provoquer le vomis-
sement; mais ces propriétés, si nuisibles, ne
nous semblent pas aujourd'hui constatées. Au
reste, ce n'est pas la première fois que nous
aurions trouvé Pline dans son tort.

## THLASPI.

C'est la plante que les jardiniers appellent
Taraspic, mais qui porte en même temps,
parmi les botanistes, le nom beaucoup plus
joli d'*Ibéride*. On en a fait assez ingénieusement l'emblème de l'architecture, parce que
ses fleurs, disposées par étages depuis la base

de la tige jusqu'au sommet, la font ressembler, dit-on, aux jolies colonnes à jour d'un
des ordres d'architecture les plus délicats.
Cette fleur mérite, à tous égards, notre bien-
veillance ; plantée, avec symétrie, dans les parterres et sur les plate-bandes, elle ajoute à leur
ornement. Ce nom d'*Ibéride*, que porte le
genre, fait allusion à l'origine du Thlaspi,
rencontré primitivement en Espagne, que tout
le monde sait être l'ancien et doux pays de
l'Ibérie des belles et des poètes. Les fleurs du
Taraspic paraissent en juillet : elles sont blanches ou violettes ; celles de l'*Ibéride*, toujours
vertes ; celles des Alpes sont blanches, et durent tout le printemps. Les fleurs de l'Ibéride de
*Perse*, ou Thlaspi vivace, sont bien également
blanches, mais à cette différence qu'elles brillent, au contraire, durant l'automne et l'hiver, alors que toute la nature est plongée dans
un triste sommeil, et que tout le feu de la végé-
tation se trouve réfroidi par de sombres fri-
mats.

~~~~~~~~~~~~~~~~~~~~~~~~~~~~~~~~~~~~~~~~~~

# LILAS.

Le Lilas qui pend, avec grace,
Offre ses bouquets ingénus.

Cet arbrisseau charmant est un de ceux
qui plaisent le plus aux belles; c'est aussi celui qui nous annonce, le premier, le retour du
printemps. Son nom dérive de *Lilac*, mot
persan dont nous avons fait Lilas. Linnée lui
donna, dans sa nomenclature, le nom de *Sy-*
*ringa*, dérivé du grec *syrinx*, flûte, pour in-
diquer que le bois du Lilas peut se creuser
comme une flûte; en effet, en Turquie, on dé-
gage les grosses branches de Lilas de leur
moëlle , pour en faire des tuyaux de pipes.

Le Lilas est un des arbrisseaux qui figurent
le plus agréablement dans nos jardins; il fait
le charme de nos bosquets; on en forme des
allées ; on en fait des cabinets ; on en composait
même, jadis, des buissons dans les plate-bandes
~~~~~~~~~~~~~~~~~~~~~~~~~~~~~~~~~~~~~~~~~~

Lilas.

des parterres. Au surplus, soit qu'on laisse, au Lilas, sa forme naturelle, soit qu'on le place en palissades ou en touffes, partout il plait, tant par le beau vert de ses feuilles nombreuses, que par l'élégance, la gentillesse et la suavité de ses fleurs; à l'aspect d'un Lilas, notre vue et notre odorat sont également récréés.

Le Lilas est originaire des Indes Orientales. Quoique ces climats soient beaucoup plus chauds que ceux de la France, de l'Allemagne et de la Suisse, il s'est naturalisé en Europe au point d'y supporter même des froids très-rigoureux; et, tant au nord qu'au midi, il s'y maintient depuis plus de deux cents ans, comme l'un des plus beaux arbrisseaux que l'on puisse cultiver. Les botanistes distinguent quatre espèces de Lilas; quelques-unes d'elles ont leurs variétés. Le Lilas *commun*. originaire de Perse, nous a été apporté en Europe, en l'année 1597; son écorce est d'un gris verdâtre; ses feuilles sont vertes et luisantes. Quoi-

qu'il fleurisse en mai, on peut remarquer qu'il
conserve sa verdure jusqu'aux gelées ; c'est un
des principaux motifs pour lequel on l'emploie
à la décoration des bosquets. Cette espèce s'élève
de dix à quinze pieds ; ses fleurs, disposées en
thyrses, sont nombreuses, d'une odeur suave,
et violettes. Il existe de ce Lilas des variétés à
fleurs bleuâtres, pourpres et blanches. Le Lilas *de Perse*, ou Agem, diffère du Lilas commun en ce que sa tige, ses feuilles et ses fleurs
sont infiniment plus petites ; qu'il présente un
plus joli coup-d'œil, et répand sur-tout une
odeur beaucoup plus suave. Il ne s'élève qu'à
la hauteur de cinq à sept pieds ; il est fort bien
placé dans les plate-bandes de parterres. Quant
au Lilas *varin*, autre espèce non moins remarquable, il tient le milieu, pour les dimensions, entre le Lilas commun et celui de Perse ;
ses feuilles sont plus petites que celles du premier, et ses thyrses beaucoup plus alongés, et
mieux fournis de fleurs en même temps plus
grosses et plus colorées que celles du dernier. La

quatrième espèce de Lilas, qu'il serait injuste de passer sous silence, est le Lilas *de Marli*, plus petit dans ses dimensions, et paré de fleurs plus grandes, plus foncées, et d'une odeur aussi suave que celles du Lilas commun.

Tous les Lilas s'accommodent indifféremment des expositions qu'on leur donne; leur culture est d'ailleurs très-facile; c'est un mérite de plus qu'ils ont à nos yeux.

On a fait du Lilas un emblême de l'abandon, parce qu'en certains pays les amans, pour quitter une maîtresse, lui offrent une branche de Lilas, en lui disant : « Je te laisse-là. »

## AUBÉPINE.

LA Guirlande de Flore contient, sur l'Aubépine, des particularités auxquelles il est possible d'ajouter encore. D'abord il est reconnu que l'Aubépine doit son nom à la multitude

d'épines dont ses branches sont armées ; que
le petit peuple l'appelle ensuite *noble-épine*,
parce qu'elle servit de couronne au Sauveur.
L'Aubépine, qui croît dans les bois, sert, le
plus souvent, à former des haies dans la campagne ; et, comme ses fleurs, blanches et d'une
odeur suave, offrent de plus grandes tenta-
tions aux jeunes filles que les épines de ses
branches ne leur causent de crainte, il en ré-
sulte que bien souvent de petits doigts indis-
crets s'y piquent. C'est ce que Passerat a,
jadis, si naïvement exprimé dans les vers sui-
vans, par allusion au danger qu'offre l'a-
mour :

Belle fleur d'Églantier, belle fleur d'Aubépine,
Désirant vous cueillir, bien souvent on s'épine ;
Qui désire, en amour, cueillir de belles fleurs,
Il n'y cueille souvent que regrets et que pleurs.

On a remarqué que l'épine n'abandonnait
jamais la fleur qu'on veut cueillir ; elle semble
plutôt ajouter au charme modeste de sa forme

et de ses parfums. Il existe un grand nombre de variétés de l'Aubépine, dont quelques-unes à fleurs doubles, et la plupart inodores : elles sont, en quelque sorte, l'image de ces jeunes filles qui ne craignent point d'échanger leur simple ajustement contre de brillantes parures qui n'ajoutent rien à leurs attraits. Cependant la variété connue sous le nom de *Néflier odorant*, originaire de Crimée, est parée de fleurs très-odorantes, et chargée de fruits rouges. Dans les campagnes, vous trouverez quelques bons paysans qui vous affirmeront, de bonne foi, que l'Aubépine gémit la nuit du Vendredi-Saint : on a pris prétexte de cette superstition pour faire de cet arbuste un emblème des gémissemens. Il en est d'autres qui pareront gravement leur chapeau d'un bouquet d'Aubépine, dans la croyance qu'au milieu de l'orage la foudre n'osera les atteindre, par respect pour leur coiffure. On va jusqu'à prétendre que, le lendemain de l'horrible massacre de la Saint-Barthélemi, on vit une Aubépine fleurir au cimetière des Saints-Innocens: les deux partis interprétèrent diversement ce singulier phénomène.

~~~~~~~~~~~~~~~~~~~~~~~~~~~~~~~~~~~~~~

# GRENADE.

QUELQU'AVANTAGE que me donne
La royale couronne
Dont mon front est paré,
Toutefois ce beau diadême
Ne saurait être comparé
Aux trésors infinis que j'enferme en moi-même.

PÉRAULT.

Il est certain que, sous le ciel brûlant de l'Afrique, le Grenadier offre un fruit bien précieux par l'acidité rafraîchissante de son jus. Je ne rappelerai pas toutes les étymologies, plus ou moins fondées, que les anciens attachaient au nom de cet arbuste. Les Romains se flattent d'avoir importé d'Afrique, en Italie, le Grenadier; et le nom de Grenade
~~~~~~~~~~~~~~~~~~~~~~~~~~~~~~~~~~~~~~

Grenade.

que nous donnons à sa fleur, en France, rappelle suffisamment l'origine primitive qu'il convient de lui assigner. Puisqu'il est certain que le Grenadier croît naturellement en Espagne, comme en Barbarie, pourquoi nous refuserions-nous à en faire honneur à cette antique ville de Grenade, qui joue, d'ailleurs, un si grand rôle dans l'histoire du moyen âge.

Le Grenadier est, sans contredit, l'un des plus beaux ornemens de nos jardins; ses rameaux sont nombreux, minces et droits; son feuillage, petit et tant soit peu long; ses fleurs, dont nous jouissons pendant tout l'été, sont tantôt solitaires, tantôt réunies, d'un rouge vif, superbe, qui pourrait bien avoir donné le nom de la belle couleur, dite de Grenade. La fleur du Grenadier étant inodore, a été comparée, avec raison, à tel homme infatué de son mérite, qui veut briller en tous lieux.

Les monumens les plus antiques attestent l'hommage qu'on rendait au Grenadier. On sait que les habits sacerdotaux des grands-prêtres, chez les Juifs, étaient ornés, à leurs bords, de figures de Grenades ; on sait pareillement que cette fleur se trouve représentée sur plusieurs médailles Phéniciennes et Carthaginoises. On se rappelle qu'une ville de la tribu de Manassé, en-deçà du Jourdain, portait le nom *d'Adad-Rammon*, c'est-à-dire, *honneur des Grenades*, en raison de la grande quantité de Grenades qu'on y recueillait Je crois devoir ajouter qu'on peint l'*Aveuglement* sous les traits d'une jeune femme, se jouant dans un jardin, marchant à tort-à-travers, paraissant donner, d'une main, des ordres à une taupe, le plus ingénieux, peut-être, de tous les animaux, et, de l'autre, tenant une tulipe ou une Grenade, symboles de la coquetterie et de la sottise. On raconte aussi que le célèbre Milon de Crotone tenait si fortement une Grenade, par la seule pression des doigts, qu'il était impossible de la lui arracher : ce qu'il y a de plus extraordinaire, c'est qu'il ne l'écrasait pas.

# ACONIT.

Selon M. Lucot, le mot Aconit dérive d'Acône, nom d'une ville de Bithynie, aux environs de laquelle cette plante croissait en abondance. L'Aconit, dont les propriétés sont vénéneuses, et les sucs malfaisans, servait aux anciens pour empoisonner leurs flèches ; selon Théophraste, on en faisait un poison plus ou moins lent, qui faisait mourir subitement, ou de langueur. Cette funeste réputation, dont l'Aconit est redevable à sa dangereuse causticité, puisqu'on va jusqu'à dire qu'il cause encore, de nos jours, des convulsions mortelles, a pu fort bien autoriser messieurs les poètes, dont l'imagination est si sage, à nous assurer que l'Aconit est né de l'écume de Cerbère, lorsqu'Alcide l'arracha du lugubre royaume de Pluton. Voici, d'ailleurs, une autre circonstance qui vient ajouter à notre conviction, c'est que l'Aconit croissait en abondance près d'Héraclée, où se trouvait, dit-on, la redoutable entrée des Enfers.

La marâtre, féconde en noires trahisons,
De l'affreux Aconit exprime les poisons.

C'est du moins l'avis du tendre Ovide, qui n'est pas, comme on le voit, très-favorablement prévenu en faveur des marâtres. Les belles-mères de son temps avaient, en vérité, l'ame un peu plus noire que celles de nos jours. En tout cas, si l'Aconit ne sert plus aujourd'hui à ces dames pour composer de redoutables poisons, c'est du moins une excellente mort-aux-rats; car la seule odeur de cette plante suffit pour les étourdir. Comme il est passé en proverbe que mauvaise herbe croît toujours, les plantes malfaisantes ne sont pas celles aussi qu'on rencontre en plus petit nombre sur la terre; de ce nombre est l'Aconit. On en cite trois espèces; l'une est indigène, c'est *la fleur en casque*.

( 37 )

L'Aconit, au suc malfaisant,
Comme s'il s'armait pour la guerre,
Elève un casque menaçant.

En effet, les fleurs de cet Aconit, qui paraissent en juin, sont disposées en épis, d'un
bleu foncé superbe, représentant assez bien
un casque antique. L'Aconit *à grandes fleurs*,
originaire d'Allemagne, porte, durant tout
l'été, des fleurs d'un bleu rougeâtre ; enfin,
l'Aconit *tue-loup*, des Alpes, nous offre, en
juillet et août, ses fleurs jaunes, qui ne con-
tribuent que médiocrement à l'embellir.

## PAQUERETTE.

LA blanche et simple Paquerette,
Que ton cœur consulte sur tout,
Dit : ton amant, tendre fillette,
T'aime, un peu, beaucoup, point du tout !

A combien d'allusions gracieuses cet ai-

4

mable jeu de l'enfance, si ingénieusement décrit par les Bernardin de Saint-Pierre, les Dubos, les Mollevaut, les Révoil, n'a-t-il pas, de tout temps, donné lieu. Ce sont les pétales blancs de la modeste Paquerette qu'on effeuille, l'un après l'autre, en disant : *Il m'aime un peu, passionnément, pas du tout*, et ainsi de suite jusqu'au dernier, et l'on tremble, tout de bon, de prononcer le mot sur lequel le cercle finira.

La Paquerette s'appelle ainsi, parce que c'est communément aux approches de Pâques qu'elle se couvre de fleurs. Les Latins l'appelaient *Bellis*, soit parce qu'elle aurait pris son nom de *Belides*, petites filles de Danaüs, selon la croyance fabuleuse, soit plutôt par allusion à sa gentillesse.

La Paquerette, ou petite Marguerite, fait l'amusement de l'âge heureux, dont elle est l'emblême ; elle se rencontre à chaque pas dans les prairies ; elle se multiplie sur le moindre gazon ; elle ne saurait s'élever. Elle a cela de

particulier sur quelques-unes de ses compa-
gnes, c'est qu'elle ne présente aucun danger
à la petite main sans expérience qui la veut
cueillir. Les feuilles de la Marguerite s'éten-
dent circulairement autour d'elle, en forme
de tapis; elles sont plus ou moins larges ou
arrondies, inégales entre elles; leur vert est
assez prononcé; les petits poils dont elles sont
couvertes, les rendent légèrement âpres au
toucher. Les fleurs des Paquerettes sont solitaires, grandes, belles, d'un rouge foncé ou
pâle, panachées, ou en tuyaux rouges et
blancs; cela dépend des variétés. On en cultive, dans les jardins, des variétés doubles de
diverses couleurs. La Paquerette produit le
plus beau coup-d'œil qu'on se puisse figurer
dans les bordures de nos parterres.

On raconte que saint Louis avait pris pour
devise une marguerite et les lis par allusion
au nom de la reine, sa femme, et aux armes
de France. Ce grand prince portait une bague
représentant, en émail et en relief, une guir-

lande de lis et de marguerites ; et, sur le chaton de l'anneau, était gravé un crucifix sur un saphir, avec ces mots : *Hors cet annuel, pourrions-nous trouver amour!* Parce qu'en effet, cet anneau lui offrait l'image ou l'emblême de tout ce qu'il avait de plus cher : la religion, la France et son épouse.

# MAGNOLIER.

LES Magnoliers jouent un rôle très-brillant dans le règne végétal, car les botanistes en comptent jusqu'à quinze espèces, depuis le superbe Magnolier *à grandes fleurs* ou *laurier tulipier*, originaire de la Caroline, dont le front, toujours vert, se balance majestueusement dans les airs, jusqu'à cet humble Magnolier *nain*, dont le sort, au contraire, est de ramper sur la terre ; en effet, le premier s'élève jusqu'à cent pieds, et l'autre jusqu'à.... quinze pouces. Le Magnolier *nain*, originaire

de la Chine, se fait remarquer par ses feuilles
luisantes, d'un vert foncé en dessus, et d'un
vert pâle en dessous. Il semble vouloir faire,
en quelque sorte, oublier l'extrème exiguité
de ses proportions, en se parant, toute l'année, de fleurs blanches comme la neige, dont
le parfum rappelle, aux gourmets, celui de
l'ananas. Une autre espèce, dont nous sommes
encore redevables à la Chine, est le Magnolier *à fleurs bordées;* son feuillage est d'un
vert brillant; ses fleurs, odorantes et blanches,
mais, toutefois, élégamment bordées d'un liseré du plus joli carmin. Je ne saurais non
plus oublier le Magnolier *discolore* du Japon,
qui s'élève de trois à quatre pieds; dont les
feuilles sont grandes, ovales, d'un vert foncé
des deux côtés; dont les fleurs, à six pétales,
offrent l'aspect d'une cloche, sont d'un blanc
de lait pur à l'intérieur, sur-tout vers le calice, alors qu'elles se montrent, au-dehors,
colorées d'un pourpre éclatant. Les autres espèces de Magnolier, sont des arbres élevés de

trente, quarante et cinquante pieds; comme je n'entreprends que l'histoire des parterres et des fleurs modestes qui les décorent, je n'oserais, en conscience, m'élever à la hauteur de ces colosses.

~~~~~~~~~~~~~~~~~~~~~~~~~~~~~~~~~~~~~~~~~~~~~~~

# CORONILLE.

LA Cityse, la Coronille
Ressemblent à ces papillons
Qui s'arrètent sur de beaux fronts,
Séduits par des airs de famille.

Cet arbrisseau charmant doit son nom à la disposition de ses fleurs, qui forment, en effet, des espèces de petites couronnes. On a observé que la Coronille possédait dix étamines; on a conclu, de là, qu'elle avait un goût très-décidé pour les plaisirs; et on en a fait un emblême de *sensualité*. On distingue diverses Coronilles; celle des *jardins* est indigène; sa tige s'élève à la hauteur de quatre
~~~~~~~~~~~~~~~~~~~~~~~~~~~~~~~~~~~~~~~~~~~~~~~

pieds, ses rameaux sont nombreux ; ses fleurs paraissent en avril, et durent jusqu'en juin, et même souvent plus tard ; elles sont d'un beau jaune, tachées de rouge. Cette espèce sert à former des massifs et des palissades. A l'extrémité d'une branche droite, mince, unie et verte, vous comptez jusqu'à quinze et vingt fleurs attachées au même point, et circulairement par leur pétiole, et qui semblent, en même temps, retomber comme les clochettes d'un pavillon chinois. Une autre espèce de Coronille, la *Glauque*, fleurit plus long-temps, et principalement l'hiver ; ses fleurs, réunies par dix et douze en couronnes, sont d'un beau jaune, et ont une odeur de prune mirabelle. La *Jonciforme* n'est pas non plus sans agrément. En général, la Coronille s'attache volontiers à un appui qui la relève, et lui prête plus de grace et de force.

# RÉSÉDA.

Cette jolie plante doit son nom à la vertu qu'on lui attribuait anciennement d'apaiser les douleurs. Le Réséda odorant est vulgairement appelé *Herbe d'Amour*, probablement à cause de la suavité de son parfum, qu'en effet Linnée comparait à celui de l'ambroisie. Au surplus, telle agréable qu'elle soit, cette odeur est extrêmement pénétrante, et trop forte même pour certaines dames, à qui elles occasionnent de cruelles migraines. Nous sommes redevables du Réséda à l'Egypte; cette plante vivace, dont les tiges sont diffuses, couchées, rameuses à leur extrémité, dont les feuilles sont oblongues, produit, depuis le mois de juin jusqu'au mois de novembre, de petites fleurs disposées en épis, verdâtres, et à anthères rouge de brique. Le Réséda ne lasse jamais nos regards : il est l'image de ces personnes intéressantes que le temps ne semble point vieillir, qui n'eurent jamais l'éclat de la beauté, et qui attachent, pendant toute leur vie, lorsqu'elles ont une fois réussi à plaire sans son secours.

~~~~~~~~~~~~~~~~~~~~~~~~~~~~~~~~~~~~~~~~~~~

# FRAXINELLE.

CONTEMPLEZ cette Fraxinelle,
Lorsqu'Apollon fuit sous les eaux,
A côté de sa tige frêle
Agiter d'imprudens flambeaux;
A l'instant sa robe légère
S'embrâse, étincelle de feux,
Et le jour, inquiet, douteux,
Croit encor régner sur la terre.

Le poète fait allusion ici à cette vapeur éthérée qu'exhale, vers le soir, la Fraxinelle, vapeur que la seule approche d'une bougie suffit pour enflammer. C'est comme une espèce de gaz; et ce qu'il y a de particulier,
~~~~~~~~~~~~~~~~~~~~~~~~~~~~~~~~~~~~~~~~~~~

c'est que cette flamme parcourt toute la plante sans l'endommager.

La Fraxinelle doit son nom à la forme de ses feuilles, qui sont ailées comme celles du Frêne; on l'appelle aussi *Dictame blanc*, pour rappeler son origine fabuleuse, puisqu'on serait censé l'avoir rencontrée d'abord sur le mont Dicta, en Crète. Selon Virgile, le Dictame de Crète était une plante dont la tige, garnie de duvet, se trouvait couronnée d'un bouquet de fleurs couleur de peau. Dans l'Énéide, Vénus, pour guérir Énée de ses blessures, va sur le mont Ida, en Crète, cueillir le Dictame; elle en exprime les sucs, y mêle quelques gouttes d'ambroisie, et le médecin Japis guérit tout aussitôt Énée avec cette potion divine.

Regardez Machaon, près des murs de Pergame,
Aux Atrides blessés apportant le Dictame :
D'abord leur sang s'arrête; et, docile à la main,
Le fer lâche sa proie et tombe de leur sein.

La **Fraxinelle** croît dans les bois et les pâturages montueux des parties méridionales de l'Europe et de la France ; c'est une plante rustique, à racines vivaces, dont les tiges s'élèvent en touffe jusqu'à la hauteur de deux ou trois pieds, sont velues, d'un rouge brun, couvertes de glandes et visqueuses ; dont les fleurs, qui brillent dans les mois de juin et juillet, sont grandes, disposées en grappes, purpurines, ou blanches, rayées de pourpre, selon la variété, et exhalent une odeur aromatique à-peu-près semblable à celle du Citronnier. La **Fraxinelle** fait l'ornement des parterres et des plate-bandes.

## CAMÉLIA.

C**ERTAIN** jésuite, portant le nom de père Kamel, passe pour nous avoir rapporté du Japon cet arbrisseau superbe. Aussi, par reconnaissance, les botanistes ont-ils donné, à l'arbuste, le nom du révérend Père, qui, le premier, le leur avait fait connaître. Cette circonstance nous fournit l'occasion d'une remarque assez bizarre. Assurément le Père Kamel ne s'était pas transporté au Japon, pour le seul plaisir de nous faire jouir des *Tsubaki:* sa mission avait un motif un peu plus important. Eh bien! qui le croirait? toutes les vertus, tous les traits de bienfaisance et de piété du digne missionnaire n'auraient sans doute pas sauvé son nom de l'oubli, bien qu'il eût consacré toute sa vie à l'exercice de bonnes œuvres; et une simple fleur, qu'il regardait peut-être en pitié, immortalise aujourd'hui sa mémoire. Mais laissons-là le Père Kamel, et parlons du Camélia. Nous donnons indifféremment, à cet arbuste, les noms de Camélia *du Japon*, de *Rose du Japon* et de la *Chine*. Figurez-vous un buisson élevé de douze à quinze pieds; à rameaux droits, parés de feuilles ovales, d'un vert luisant et foncé; orné de fleurs solitaires, nombreuses, et d'un rouge vif, vous

aurez une idée du Camélia commun. Les variétés sont très-multipliées ; c'est avec les feuilles
du *Salsangua* que les Chinois font une espèce
de thé, assez estimé. C'est le Camélia *Pompon*
qui a la propriété de changer, à-la-fois, de
forme et de coloris. Il est des Camélia *Pinck*,
à *fleurs de Pæone*, à feuilles de *Myrte*, et
même à fleurs d'*Anémone;* mais ces variétés offrent plus ou moins d'agrément, et sont,
la plupart, difficiles à cultiver.

# POIS DE SENTEUR.

Cette plante, connue des botanistes sous
le nom de *Gesse odorante*, est originaire
de Sicile. On la cultive dans tous les jardins.
Ses feuilles ovales sont légèrement velues ; sa
tige est faible ; et souvent on la voit s'enlacer
dans les rameaux de l'œillet, qui lui servent
d'appui. La fleur du Pois de senteur se distingue par son admirable délicatesse, par la

richesse de ses couleurs , et sur–tout par un parfum doux et suave qu'on respire avec volupté. Ses carènes sont diversement colorées ; tantôt elles sont d'un rose tendre ; tantôt elles offrent des nuances d'un bleu vif ou d'un violet foncé ; de loin , leur légèreté les pourrait faire prendre pour de brillans papillons. Le Pois de senteur est l'emblême des plaisirs délicats.

## ORNITHOGALE.

CETTE jolie plante est indigène : on en connaît deux espèces ; l'une d'elles porte le nom de *Pyramidale*, ou plus communément d'épi de lait ; l'autre est l'Ornithogale à *ombelle*, ou *Belle de onze heures*. La première s'élève à la hauteur d'un pied et demi ; sa tige est surmontée d'une jolie grappe de fleurs blanches étoilées. Elle paraît en juin, et offre le coup–d'œil le plus agréable. Quant à l'Or-

Pied d'Alouette et Souci.

nithogale à ombelle, sa tige n'est haute environ que de cinq à six pouces ; elle porte une ombelle de fleurs blanches, ouvertes en étoile, et d'une odeur agréable. Cette fleur doit son nom de *Belle de onze heures* à l'habitude qu'elle a de s'ouvrir, pendant quinze jours à-peu-près, sur les onze heures, quand le soleil brille, pour se refermer constamment à trois. On cultive, au Cap, quelques autres espèces d'Ornithogale qui sont extrêmement rares en France. — Les poètes font volontiers de l'Ornithogale un emblème de la briéveté de la vie humaine.

## PIED D'ALOUETTE.

PEU de fleurs figurent dans les bordures de nos parterres d'une manière plus brillante que le Pied d'Alouette ; et en effet, quelle élégance dans son port ! quelle délicatesse dans son feuillage ! est-il une fleur qui offre des cou-

leurs plus vives et à-la-fois plus variées que
ces bouquets pyramidaux, qui semblent, aux
derniers beaux jours, rappeler le printemps
dans l'empire de Flore ?

Le Pied d'Alouette est originaire d'Asie; ses
feuilles, découpées avec une finesse extrême,
ressemblent à de petites palmes; et ses fleurs,
tantôt rouges, tantôt blanches, tantôt violettes,
tantôt azurées, le disputent même quelquefois
d'éclat et de fraîcheur avec la rose. Leur orga-
nisation est fort curieuse; elles n'ont, pour
ainsi dire, que deux pétales ou deux corolles.
Celle de dessus se prolonge en éperon pour
recevoir la seconde, dont elle est comme l'étui.
C'est sur la corolle intérieure, que des nuances
blanches tracent à-peu-près ces trois lettres
AIA, qui ont fourni aux poètes de l'antiquité
l'idée ingénieuse de la métamorphose d'Ajax
en cette fleur.

Nous ne devons pas oublier de dire que le
Pied d'Alouette porte le nom générique de
*Dauphinelle*, parce qu'on a cru trouver de

la ressemblance entre sa fleur et un petit dauphin. Ses espèces les plus remarquables sont
la *Dauphinelle des jardins*, originaire de
Suisse, dont la tige s'élève à la hauteur de
deux pieds, et la *Dauphinelle de Sibérie*, ou
Pied d'Alouette *vivace*, haute de cinq et même
de six pieds, qui, dans les mois de juin et de
juillet, se couronne de superbes fleurs d'un
bleu éclatant. Quelques auteurs veulent que
le Pied d'Alouette soit l'hyacinthe des anciens.

## MENTHE.

PROSERPINE, ayant un jour surpris son
époux avec une jeune fille, appelée Minthes,
entra dans une telle fureur, qu'elle la méta-
morphosa aussitôt en Menthe : telle est, selon
les mythologues, l'origine du nom de cette
plante ; et c'est aussi par le même motif qu'on en
a fait l'emblème de la jalousie. La Menthe croît

dans les lieux ombragés ; elle se plaît au bord des fontaines ; et son front, qui se réfléchit dans leurs eaux, en atteste la clarté. Cette plante est vivace ; ses feuilles, d'un vert obscur, découpées finement sur les bords, se rattachent à des rameaux rougeâtres ; et ses fleurs, élégamment groupées en épis, répandent un parfum doux et pénétrant. La Menthe *commune* ou *baume* est très-aromatique ; elle offre plusieurs variétés, qui se distinguent par leur feuillage diversement panaché de rose, de violet, de citroné. La *Menthe d'Angleterre* ou *poivrée*, est la seconde espèce ; sa saveur, extrêmement piquante, la caractérise suffisamment : c'est avec elle qu'on fait ces délicieuses pastilles, qui laissent dans la bouche une sensation de fraîcheur ; et elle fournit également une eau salutaire contre les excès de la table.

# SOUCI.

LORSQUE, pressé par mon devoir,
Je veux t'offrir une guirlande,
Ta beauté m'ôte le pouvoir
D'accomplir ce qu'il me commande,
Ce qui te fait la mériter,
Empêche que tu ne l'obtiennes :
Ton beau teint ne peut supporter
D'autres merveilles que les siennes ;
Par lui, la rose est sans couleur,
Les œillets ont perdu la leur ;
Les tulipes sont effacées,
Les lis n'ont plus de pureté,
Et, pour toi, rien ne m'est resté
Que des *soucis* et des pensées.

DE MALLEVILLE.

Le nom de Souci dérive d'un mot latin, d'abord traduit par Solsèque, mais dont on a fait insensiblement Solcie, Soulci, et enfin Souci. Cette dénomination vient de ce que les fleurons du Souci se ferment, au coucher du soleil, et s'ouvrent, dans les jours sereins, dès que cet astre se lève ; s'il doit pleuvoir, ils ne s'ouvrent pas. Le Souci, comme les autres fleurs, n'a pas manqué de fournir matière aux brillantes rêveries des poètes. Autrefois, disent-ils, c'était une jeune nymphe, aimée d'Apollon, et qui depuis mourut de jalousie ; j'ignore jusqu'à quel point cette passion terrible peut avoir d'empire sur les dames ; je sais seulement que le Souci est encore aujourd'hui l'emblème des soupçons et de l'inquiétude. Le père Rapin suppose que c'est sur les bords de l'Acis, qu'on a vu briller, pour la première fois, cette jolie fleur ; et un autre poète dit ingénieusement que l'or pâle qui la colore, est, à n'en point douter, un souris de Phébus.

Depuis long-temps les Soucis sont recherchés des fleuristes ; ils plaisent, dans les parterres, par la durée et sur-tout par l'éclat de leurs fleurs, qui varient souvent, sur le même

pied , du jaune pâle au jaune safrané. Elles
sont grandes , radiées, simples ou doubles ,
et placées au bout de rameaux nombreux et
garnis de feuilles. De loin , le Souci produit
un bel effet ; mais il exhale une odeur forte et
désagréable , qui se communique aux doigts
quand on le touche.

Oui, semblable au métal que sa couleur rappelle,
Sa fleur n'a , comme lui, qu'un éclat imposteur :
Elle infecte la main qui veut s'emparer d'elle,
    Ainsi que l'or corrompt le cœur.
Const. Dubos.

Je dirai que les botanistes distinguent
quatre espèces de soucis : le *Pluvial*, du cap
de Bonne-Espérance , qui se ferme dans les
temps humides ; le Souci *des jardins*, que je
viens de dépeindre ; le Souci de la *reine,*
ainsi nommé, parce qu'il fut cultivé primitivement à Trianon ; enfin le Souci *à feuilles
de chrysanthéme.*

Voici une remarque curieuse faite sur le

Souci, par la fille de Linnée ; dans les mois de juillet et d'août, une demi-heure après le coucher du soleil, si l'atmosphère est pure, on peut observer que la fleur du Souci lance des étincelles. Cette lumière, très-visible dans les Soucis orangés, est presque imperceptible dans les pâles : on voit souvent l'éclair se répéter sur la même fleur deux ou trois fois de suite ; mais, lorsque l'atmosphère est humide, on ne peut rien observer.

On dit que les feuilles du Souci calment la douleur des cors et des dents ; que leur décoction dans du lait ou de la bière chasse la petite-vérole ; qu'on fait, avec cette même plante, de la teinture et de l'encre jaune ; enfin, qu'elle est bonne contre la peste.... mais ce sont des *on dit*.

Nous ne pouvons nous empêcher de finir cet article par un mot bien touchant du dauphin ( Louis XVII ). Il avait mêlé quelques Soucis dans un bouquet qu'il destinait à sa mère ; s'en étant aperçu, au moment de faire

son présent, il les arracha, et s'écria : *Ah !*
*maman, n'en as-tu pas assez d'ailleurs ?....*

## CAMOMILLE.

LA Camomille ne figure pas seulement
parmi les plantes médicinales ; elle joue encore un rôle distingué dans les plates-bandes
des parterres, où elle récrée la vue par la
multitude de ses fleurs. Cette plante est vivace
et aromatique ; on la trouve dans les terrains
sablonneux, en France, en Espagne , en
Italie. Ses tiges sont nombreuses et d'un vert
foncé ; et ses fleurs odorantes , qui durent tout
l'été, ressemblent à de petits boutons d'argent.
Elles sont à rayons ; et leur centre offre un
disque doré qu'entoure une couronne formée
de plusieurs fleurons. On observe que les bes-
tiaux ont une grande antipathie pour la Camomille ; ses fleurs, sur-tout les doubles ,
fournissent une boisson agréable, analogue au

thé, dont les vertus salutaires sont assez ap—
préciées chez les dames ; les chimistes en ob—
tiennent aussi, par la distillation, une huile
essentielle d'un beau bleu d'azur.

## GENÊT.

L'HUMBLE Genêt lui-même, ornement des co-
 teaux,
Vous aide à composer vos champêtres tableaux ;
Lui-même, quand le froid a resserré la terre,
Sert d'asile aux perdrix, et nourrit leur misère.

Le Genêt croît ordinairement dans les terrains escarpés et sablonneux ; il se plaît à
l'ardeur du soleil ; la nature semble l'avoir
placé dans les contrées arides, pour encou-
rager, par son exemple, le voyageur à braver
les feux de la canicule ; c'est pour cela, sans
doute, qu'on en a fait le symbole de la per-
sévérance. Ses tiges, longues et flexibles,
forment des massifs de verdure qui récréent

agréablement la vue, sur-tout dans la saison où leurs sommets se couronnent d'une multitude de jolies fleurs d'un jaune éclatant. Il existe un grand nombre de Genêts ; les botanistes en comptent, dit-on, près de trente espèces. Le Genêt d'*Espagne*, qu'on trouve en Portugal, en Italie et dans le midi de la France, est celui qui figure le plus ordinairement dans nos parterres ; ses fleurs, disposées en grappes, exhalent une odeur suave ; les jardiniers emploient souvent cette espèce de Genêt à former des haies, toujours vertes, qui produisent l'effet le plus agréable. Il est une autre variété de Genêt d'*Espagne*, dont les fleurs sont doubles, très-délicates, mais inodores. Je dois citer ensuite le Genêt *blanchâtre*, indigène en France, ainsi appelé, parce que ses rameaux sont couverts d'un léger duvet ; le Genêt *multiflore*, dont les fleurs sont blanches et les tiges longues et grêles ; le Genêt *des teinturiers*, qui décore nos bois ; le Genêt *à balai*; le Genêt *à feuilles de lin*, originaire de Barbarie ; enfin le Genêt *purgatif*, dont les feuilles sont alternes et argentées en dessous. Le Genêt offre une propriété remarquable ; ses tiges, long-temps trempées dans l'eau, fournissent des filamens dont on peut faire de la toile ; on croit aussi que les anciens s'en servaient pour fabriquer des cordages. Nous ajouterons que les boutons des fleurs du Genêt *à balai*, confis dans le vinaigre, peuvent remplacer les câpres.

## CORBEILLE D'OR.

CETTE plante porte aussi le nom d'*Alysse,* qui signifie absence de rage, parce qu'en effet les anciens croyaient fermement que le suc de cette plante avait la propriété de guérir de la folie ; du reste il paraît qu'on s'en sert encore même contre cette maladie.

La Corbeille d'*Or,* ou *Dorée* est originaire de l'île de Candie ; les lieux arides et rocail-

leux sont ceux qu'elle affectionne de préfé-
rence. Cette plante est pour ainsi dire rampante; ses branches sont ligneuses, ses feuilles
molles et d'un vert blanchâtre; ses fleurs, qui
paraissent dans le mois d'avril et de mai, sont
petites, nombreuses, réunies en bouquet, et
d'un jaune d'or extrêmement éclatant. La Corbeille d'Or se rencontre parfois en Autriche;
elle y croît dans les terrains arides et montagneux. Nous la cultivons dans nos jardins
d'agrément; elle y entre à merveille dans la
décoration des plate-bandes.

## LAVANDE.

A ce nom de Lavande, je m'attends bien que
nos dames ne pourront se défendre d'un souris
dédaigneux; mais qu'elles ne condamnent pas
si légèrement une plante dont elles ne con-
naissent peut-être pas toutes les vertus ? Sans
parler de l'essence qu'on exprime de ses fleurs,

oserai—je leur apprendre, par exemple, que le suc de Lavande est un spécifique admirable pour la perte de la parole : une telle propriété suffirait pour leur rendre cette plante à jamais précieuse. La Lavande tire son nom d'un mot latin, qui signifie *laver*, parce qu'en effet, on en faisait jadis usage dans les bains. Hélas ! aujourd'hui sa destination est bien changée ; mais encore est—elle fort utile dans l'occasion. La Lavande est vivace et très—aromatique ; sa tige s'élève de trois à quatre pieds ; ses feuilles sont blanchâtres ; et ses fleurs, d'un pourpre foncé, naissent en mai et durent jusqu'en juillet. L'odeur forte que répandent ses branches ainsi que ses fleurs, rend son usage assez journalier. Quelques dames font à la Lavande l'honneur de l'admettre sur leur toilette, au risque de s'exposer à d'insupportables migraines. On la cultive dans plusieurs jardins : elle y forme des bordures d'un effet assez agréable. Sa culture est très-simple ; il suffit

de la protéger contre les rigueurs de l'hiver.
Cette plante est, dit-on, le symbole de la dé-
sunion. Sait-on pourquoi ? Quant à moi, je
confesse, à cet égard, mon entière ignorance.

## VALÉRIANE.

La Valériane est recherchée des fleuristes,
tant pour l'abondance de ses fleurs que pour
l'agréable parfum qu'elles répandent. Ses
nobles proportions la rendent un des principaux ornemens des plates-bandes des grands
parterres ; et elle produit encore un fort bel
effet entre des arbres isolés. J'aime à voir, au
commencement de l'automne, la Valériane
*des jardiniers*, couverte de fleurs d'un blanc
éclatant, élever dans les airs son front or-
gueilleux, comme pour rivaliser avec la rose
trémière. J'admire aussi les jolies fleurs rouges
ou pourpres, blanches ou lilas de la Valériane *rouge*, qui se détachent si agréablement

sur le vert glauque de son feuillage. On a
fait de la Valériane l'emblême de la facilité ;
je ne sais trop pourquoi ; peut-être est-ce une
allusion à la souplesse de sa tige, ou bien à la
nature de cette plante qui s'accommode volontiers des plus mauvais terrains. Le nom de
Valériane, dérivé d'un mot latin, qui signifie
*valoir*, indique les vertus médicinales de cette
plante. On la regardait jadis comme un excellent remède contre la morsure des bêtes
venimeuses, et même comme un préservatif
contre la peste. Il est bon de dire que les
chats affectionnent singulièrement les Valé-
rianes ; leur grand plaisir est de se rouler
sur ces plantes, qu'ils détruisent ; on les
éloigne, en répandant des épines autour.

## SYRINGA.

Le peuple, qui jouit du privilége de déna-
turer tous les mots, appelle ce charmant ar-

brisseau *Seringat*; mais son nom vient du
grec *syrinx*, flûte, parce qu'en effet les Grecs
se servaient de son bois pour fabriquer des
instrumens. Le Syringa est connu par toute
l'Europe. Ses feuilles sont d'un vert pâle, ses
rameaux grisâtres et peu flexibles. Au commencement du printemps, nous le voyons se
couvrir de jolies fleurs blanches très-odorantes
qui embaument nos bosquets ; leur parfum est
si pénétrant, que, lorsqu'on l'a respiré une
fois, il vous suit en tous lieux; et c'est par
cette raison qu'on a fait du Syringa l'emblême de la mémoire. Les fleuristes emploient
quelquefois le Syringa à l'ornement des parterres ; mais je l'aime sur-tout dans les bosquets ou bien quand son feuillage, se mariant
à celui des lilas, tapisse les avenues d'un
jardin anglais : alors il répand, dans les airs,
une fraîcheur délicieuse. Les botanistes distinguent deux espèces de Syringa : le Syringa
des jardins ou *odorant*, et le Syringa *inodore*.
Le premier, indigène du midi de la France,

forme des buissons de huit à neuf pieds de haut ; son feuillage est d'un vert foncé, et ses fleurs sont extrêmement odorantes ; l'autre, originaire de la Caroline, a des proportions plus grandes ; sa fleur est aussi plus large, mais d'une odeur beaucoup moins forte.

## VÉRONIQUE.

LA Véronique est cette jolie petite fleur d'un bleu céleste, qu'on voit, au printemps, ramper sur le bord des chemins ou s'enlacer dans les buissons. Ses feuilles, couvertes d'un léger duvet, sont opposées et dentelées sur les bords. Les botanistes comptent jusqu'à neuf espèces de Véroniques ; mais elles ne diffèrent entre elles que par leur odeur qui est plus ou moins suave ; toutes sont très-utiles en médecine et servent à la décoration des jardins. Les Véroniques officinale, à épis, maritime, à feuilles de gentiane, sont les plus intéressantes. La première se pare, au mois de mai, de belles fleurs d'un bleu tendre, blanches ou rougeâtres, dont la légèreté produit l'effet le plus pittoresque. La Véronique *à épis* est indigène; et l'on voit s'épanouir en juin ses fleurs, dont le calice est orné d'un joli pistil d'azur. La Véronique *maritime* offre des feuilles plus longues, plus aiguës, et dentées; sa fleur est d'un beau bleu, blanche ou carnée et à plusieurs épis. Enfin la Véronique à feuilles de *gentiane*, qui nous vient du mont Caucase, et dont les feuilles sont d'un beau vert, porte au mois de mai des fleurs d'un bleu pâle. Le nom grec de la Véronique, signifie vraie image; c'est pour cela, sans doute, qu'on a fait de cette plante le symbole de la ressemblance.

# FRITILLAIRE.

Les botanistes ont ainsi nommé cette belle plante, par allusion à la forme de ses fleurs, qui leur parurent avoir quelque ressemblance avec un cornet à jouer aux dés. La Fritillaire est vivace et bulbeuse; et sa fleur, qui retombe avec grace, offre l'aspect d'une tulipe renversée. On cultive trois principales espèces de Fritillaire : l'une d'elles porte le surnom de *damier*, parce que ses fleurs sont parsemées de taches blanches ou jaunes, rouges ou pourpres, qui ressemblent, en effet, aux carreaux d'un damier; elle croît communément dans les prairies humides. La Fritillaire *de Perse*, au contraire, se plaît dans les terrains légers; un grand nombre de feuilles oblongues et lisses ornent sa tige; et ses fleurs, d'un violet bleuâtre, pendent en grappes élégantes. Quant à la troisième espèce, elle est connue de tout le monde, c'est cette superbe plante qui figure dans nos parterres, sous le nom de *Couronne-Impériale*. Son front s'élance fièrement vers le ciel ; ses brillantes couleurs, son port plein de noblesse, la rendent le digne attribut des rois, et c'est à juste titre qu'on en a fait le symbole de la majesté. Cependant la nature, d'ailleurs si prodigue envers elle, lui a refusé le plus beau, le plus touchant de ses dons : loin que son odeur réponde à l'élégance de ses formes, à la richesse de ses couleurs, la Couronne - Impériale exhale, au contraire, une odeur forte, analogue à celle de l'ail. C'est ce qui l'a fait comparer à une belle femme sans esprit.

## SOLEIL D'OR.

Les botanistes donnent à cette plante le joli nom italien de Tazetta, qui signifie petite tasse, par allusion à la forme de sa coupe. Le

Soleil d'or porte également le nom de *Narcisse à bouquets*, qui lui convient d'autant mieux, que, nouveau Narcisse, il se plaît au bord des ruisseaux, dans lesquels il semble prendre plaisir à contempler son image. Ses fleurs sont jaunes, groupées en bouquets; dès le mois de mai, nous les voyons s'épanouir; leur odeur est suave et pénétrante. Cette espèce de plante est naturellement recherchée des amateurs; mais ses variétés, la plupart intéressantes, ne se distinguent pas moins par les belles proportions de leurs fleurs que par leur éclat; en effet, le Narcisse *de Constantinople* nous offre des fleurs tantôt simples, tantôt doubles, d'un orangé foncé et très-odorantes; tandis que le Narcisse *de Chypre,* fier déjà de lui ressembler en tous points, s'énorgueillit en outre de la plus grande délicatesse de ses proportions et de la plus douce suavité de son odeur. Je ferai mention, seulement pour l'acquit de ma conscience, de ce grand *Soleil d'or*, dont les fleurs, toujours simples, disposées en bouquets, sont d'un beau jaune citron, mais répandent peu d'odeur; de ce *Tout-blanc*, uniquement remarquable par l'absolue blancheur de ses fleurs. Son nom est de l'invention de messieurs les jardiniers, et n'a pas, comme on le voit, coûté grands frais d'imagination; au reste, il est juste d'ajouter que le Toutblanc porte une odeur assez agréable; ses fleurs n'ont que le défaut d'être un peu tardives.

# CHÉLIDOINE.

CETTE plante n'est pas très en faveur à la brillante cour de Flore, mais, en revanche, c'est une des favorites d'Esculape. On la classe parmi les renoncules; et fréquemment on la désigne sous le nom de *Petite Éclaire*, probablement, d'après le dire assez général, que les hirondelles en faisaient usage pour éclairer leurs petits, c'est-à-dire, pour leur rendre la vue ; cette propriété, soit dit en passant, est attestée par les uns, combattue par les autres: qui a tort ou raison, c'est ce dont nous ne serons parfaitement assurés, que lorsque nous aurons appelé quelque hirondelle en témoignage. Les fleurs de la Chélidoine sont jaunes; ses feuilles, disposées en rosettes, offrent la forme d'un cœur. Cette plante croît, le plus communément, au milieu des terrains incultes ou sur de vieilles murailles; aussi n'admettons-nous, dans nos parterres, qu'une variété à fleurs doubles, grâce à la culture. En récompense, de pauvres gens, en quelques pays, font grand cas de ses feuilles, lorsqu'elles sont tendres, et les mangent, en guise de salade, malgré leur âcreté. Les anciens faisaient de la Chélidoine l'emblème des soins maternels.

~~~~~~~~~~~~~~~~~~~~~~~~~~~~~~~~~~~~~~~~~~~~~

# SCEAU DE SALOMON.

Je n'oserais rien affirmer sur l'étymologie du nom singulier de cette plante ; quelques-uns prétendent qu'elle le tire de ses racines, sur lesquelles on s'imagine voir des empreintes de cachet ; d'autres l'en croient redevable au roi Salomon, qui était, comme chacun sait, très-habile naturaliste. Le Sceau de Salomon, appelé aussi *Muguet anguleux*, se plaît à l'ombre de nos bois ; il aime la fraîcheur et la solitude. Ses longues feuilles, d'un vert éclatant, forment un agréable contraste avec le sombre feuillage du chêne, tandis que sa tige légère se courbe, avec grace, sous de belles fleurs tantôt blanches , tantôt pana-chées, qui s'y groupent en guirlandes. On ne cultive guère, dans nos jardins, que le Sceau de Salomon à fleurs doubles.
~~~~~~~~~~~~~~~~~~~~~~~~~~~~~~~~~~~~~~~~~~~~~

# GENTIANE.

C'EST à Gentius, roi d'Illyrie, que nous devons la découverte des diverses propriétés de la Gentiane. Les racines de cette plante sont toniques, et ses tiges fébrifuges, sur-tout celles de l'espèce connue généralement sous le nom de *petite centaurée*. La Gentiane est une plante vivace, qui se plaît dans les pays montagneux; ses jolies fleurs, disposées en épis, sont très-propres à l'ornement des jardins. Il existe diverses espèces de Gentiane : la *Printanière*, dont les branches et les feuilles sont souvent colorées de pourpre, et qui produit, en mai, des fleurs d'un bleu magnifique; la Gentiane à *fleurs pourpres*, qui s'élève à la hauteur de deux pieds, et qui offre de grandes cloches d'un beau jaune, ponctué de violet : la superbe Gentiane *jaune,* originaire de l'intérieur de la France; enfin,

la Gentiane à feuilles d'*Asclépias*, et la *Centaurelle* ou petite *Centaurée*, dont j'ai déjà fait mention. La Gentiane est d'un usage fréquent en médecine ; sa culture demande un peu d'attention ; elle veut une terre légère et de l'ombrage. Les botanistes font, sur cette plante, une remarque assez singulière, c'est qu'elle dépérit quand on l'expose au soleil levant. **La Gentiane** *jaune* est l'emblème de l'ingratitude, parce qu'elle meurt dans nos jardins, quelques soins qu'on lui prodigue.

## ANTHEMIS.

LA multitude de fleurs qui ornent cette plante, ont déterminé les Grecs à lui donner le nom d'Anthemis qui, en effet, signifie fleur.

L'Anthemis est d'un grand usage en médecine pour ses qualités aromatiques ; ses di—

Anthémis.

verses espèces se distinguent soit par la teinte du feuillage, soit par le parfum plus ou moins suave de leurs fleurs. On trouve l'Anthemis *odorante* dans tous les jardins ; je l'ai déjà décrite : c'est la plante connue sous le nom de *Camomille-Romaine*. Après elle vient l'Anthemis *des teinturiers*, ainsi appelée, parce que ses larges fleurs, à disque et à rayons dorés, fournissent une très-belle couleur jaune. L'Anthemis d'*Arabie* est cette jolie plante annuelle, dont les tiges, couchées et rameuses, se couvrent, au mois de juillet, de fleurs solitaires, d'un jaune orangé : je dois citer ensuite l'Anthemis *Pyrèthre*, originaire d'Espagne, dont le nom exprime la chaleur âcre et brûlante de ses racines ; ses feuilles sont finement découpées ; et ses grandes fleurs, qui brillent à la fin des beaux jours, se composent d'un disque d'or, entouré de rayons d'albâtre. La dernière espèce d'Anthemis nous vient de la Chine : les botanistes la distinguent parfois sous le nom de *Chrysanthème des Indes*; cette plante vivace a des tiges nombreuses garnies de feuilles aromatiques, velues et d'un vert cendré. Ses fleurs, très-tardives, ne paraissent qu'en octobre et même en décembre; elles ressemblent assez à celles de la reine-marguerite; et leurs belles couleurs, d'un pourpre foncé ou d'un jaune éclatant, font l'ornement de nos orangeries.

Les sucs de l'Anthemis sont très-salutaires; les anciens leur attribuaient même des vertus merveilleuses. En Égypte, par exemple, lorsqu'une personne était attaquée de la fièvre, on pilait des fleurs d'Anthemis; on les laissait sécher au soleil, puis, après les avoir broyées avec de l'huile, on en frottait le malade depuis les pieds jusqu'à la tête; cette opération faite, il fallait qu'il guérît, bon-gré, mal-gré. L'Anthemis a bien encore d'autres propriétés fort précieuses en médecine, mais je dois les passer sous silence.... Je ne fais pas ici un cours de pharmacie.

# BELLEDAME.

Quel motif a pu faire donner , à cette plante , un si joli nom ? Ceux-ci pensent qu'elle en est redevable à sa haute stature , à ses belles feuilles , larges et dentées , qui retombent avec grace et lui donnent à-la-fois un air élégant et majestueux ; cette étymologie semble assez plausible ; mais d'autres gens prétendent que ce nom fait allusion à l'usage où sont les femmes d'Italie d'employer ses baies à la composition de leur fard. Je ne prétends pas décider entre ces deux opinions ; mais il importe d'ajouter que la Belledame porte encore le nom de Bonnedame qui , non-seulement n'est pas toujours synonyme du premier , mais qui me paraît lui convenir d'autant moins que ses fruits jettent ceux qui les mangent , dans une espèce de frénésie souvent très-dangereuse ; on a même fait , par cette raison, de la Belledame, l'emblême du désespoir. Cette plante, qu'on désigne enfin sous le nom d'*arroche des jardins*, est annuelle ; elle dure fort peu ; ses graines se répandent d'elles-mêmes ; il est très-difficile de la détruire, lorsqu'elle s'est, une fois, emparée d'un terrain. On la cultive comme plante potagère ; elle sert sur-tout à adoucir l'acidité de l'oseille : mais son fruit, presque semblable à la cerise, devient, plus d'une fois, funeste aux enfans, qu'ils tentent par leur éclat. Les variétés principales de la Belledame sont *la rouge* et *la rouge foncée*.

## ANGÉLIQUE.

Si l'on veut en croire les anciens, cette plante est assurément bien digne du beau nom dont on l'a gratifiée. Ils lui attribuent des vertus tout-à-fait miraculeuses : l'Angélique, selon eux, guérit de la morsure des serpens

et des chiens enragés ; elle offre un préservatif contre la peste, elle peut même servir
contre les enchantemens. Je n'oserais trop
garantir la vérité de ces diverses assertions ;
je sais seulement qu'on s'accorde à reconnaître, à l'Angélique, des qualités qui la rendent infiniment précieuse en médecine. Cette
plante est originaire des Alpes ; ses tiges, qui
s'élèvent jusqu'à cinq et même six pieds, se
terminent par des ombelles de fleurs blanchâtres. L'Angélique porte des semences longues, étroites et arrondies, qui exhalent une
odeur d'ambre fort agréable ; leur délicatesse
est telle que souvent on les recueille avec des
gants, de peur que les émanations de la main
n'en détruisent le germe. L'Angélique se plaît
dans les climats humides du nord de l'Europe ;
cependant, nous la voyons aussi très-fréquem-
ment dans des lieux exposés au soleil du
midi ; elle dure deux ou trois années. C'est
sans doute le nom d'Angélique qui a déterminé les poètes à faire de cette plante l'emblème de l'inspiration.

# VERGE D'OR.

CETTE plante vivace entre volontiers dans l'ornement des parterres. Ses fleurs, jaunes et nombreuses, y produisent un effet agréable, sur-tout lorsqu'on les mêle aux reines-marguerites. L'espèce la plus recherchée des fleuristes porte le nom de *Verge d'or du Canada*; ses tiges, hautes de deux ou trois pieds, se parent, au mois de juillet, de fleurs d'un jaune radié éclatant, et disposées en épis : elles durent jusqu'en septembre; leur pétiole en soutient un assez grand nombre; chacune possède, en outre, son pédoncule particulier qui la supporte. Le Verge d'or est toute composée de fleurons qu'enveloppe un duvet soyeux. Il semble que la prévoyante nature ait voulu, par là, garantir ses boutons des larcins de l'abeille, avide des sucs parfumés que renferme son calice. Il existe plusieurs variétés de *Verge d'or* : les unes sont utiles en médecine ; les autres concourent uniquement à l'embellissement de nos jardins : ces dernières viennent, pour la plupart, de l'Amérique septentrionale. On attribue, à la Verge d'or, la propriété de cicatriser les plaies.

# GIROFLÉE.

Quoi de plus commun que cette fleur, me dira-t-on ; partout nous voyons des Giroflées... Sans doute la Giroflée est la fleur du petit peuple, qui en pare à peu de frais ses croisées ; le grand seigneur, de son côté, ne dédaigne cependant pas de lui réserver une modeste place au milieu des fleurs brillantes de ses jardins ; et cette même Giroflée qu'on croirait presqu'insensible aux faveurs du riche, aux hommages du pauvre, s'en va croître sur les vieux murs, comme pour les narguer l'un

Giroflées rouge, jaune et de Mahon.

et l'autre ; elle y fixe sa résidence jusqu'à ce qu'une main impie l'arrache à sa retraite philosophique.... Et voilà cette plante que nous serions presque tentés de mépriser ! Est-il encore besoin, pour elle, de se recommander par la multitude de ses variétés intéressantes ? Oui sans doute : peste ! de nos jours, les titres sont quelque chose.... La Giroflée *jaune*, indigène en France, se cultive dans tous les parterres ; on la nomme aussi *violier*, à cause de son odeur de violette ; elle est vivace ; ses rameaux ligneux, groupés en masse, sont garnis de feuilles lancéolées ; et ses fleurs forment des grappes terminales d'un beau jaune, parfois taché de pourpre. La Giroflée *des jardins*, également indigène, se distingue par son parfum, qui rappelle celui du girofle ; et c'est à cette analogie que la Giroflée doit son nom. La Giroflée *quarantaine*, vulgairement appelée Giroflée rouge, est originaire des provinces méridionales de l'Europe ; elle jouit d'une faveur d'autant plus grande, qu'elle fleurit en toute saison. C'est d'elle qu'on obtient ces belles variétés à fleurs doubles, les unes blanches, les autres violettes ou panachées, si recherchées des amateurs. Les botanistes lui ont donné le nom de *quarantaine*, parce que sa semence lève au bout de quarante jours. La Giroflée *fénestrelle*, plus odorante que la quarantaine, a des feuilles longues et ondulées, réunies en touffes; ses tiges se terminent par une belle pyramide de fleurs rouges. Quant à la Giroflée *variable* de l'île de Madère, elle est si sensible au froid, qu'elle ne peut, sans danger, passer l'hiver dans nos jardins; le plus sûr est de la retirer dans une orangerie. Ses fleurs, qui paraissent dès le mois de mars, sont blanches d'abord, puis jaunes, et se colorent enfin d'un pourpre brillant. La Giroflée est le symbole de l'ennui, selon les uns, et, selon d'autres, celui de la simplicité; on en eut pu faire aussi celui de l'attachement; car, les anciens croyaient qu'un pied de Giroflée placé sur une fenêtre, se fanait à la mort du maître de la maison, si l'on ne prenait le soin de le changer de place.

~~~~~~~~~~~~~~~~~~~~~~~~~~~~~~~~~~~~~~~~~~~

# BOULE DE NEIGE.

CE superbe arbrisseau, qu'on nomme aussi *rose de Gueldres* ou *Viorne obier*, joue dans nos jardins un rôle bien brillant; il est l'ornement de tous les bosquets, où ses branches aiment à s'entrelacer à celles des Lilas. On contemple toujours, avec un nouveau plaisir, son élégance et sa fraîcheur. Mais c'est au mois de mai, sur-tout, qu'il est vraiment admirable, alors que ses fleurs, semblables à des globes d'albâtre, se dessinent sur le vert éclatant de son feuillage.

> Et la Boule de neige efface
> La blancheur du sein de Vénus.

La Boule de neige a des feuilles assez sem-
~~~~~~~~~~~~~~~~~~~~~~~~~~~~~~~~~~~~~~~~~~~

blables , pour la forme , à celles de l'érable ;
elles sont luisantes dans quelques variétés. Ses
fleurs, si magnifiques d'ailleurs, ne sont que
légèrement odorantes. La Boule de neige est
l'emblème de l'hiver de l'âge.

## GERANIUM.

On compte deux cents espèces et variétés
de Geranium.... Je vois déjà plus d'une dame
effrayée de ce préambule ; mais qu'elles se
rassurent ; nos habiles botanistes sont venus à
bout de réduire à trois classes cette immense
famille. Pour procéder méthodiquement, je
dirai donc que la première comprend les Ge—
ranium *à feuilles alternes* et *à fleurs régu-
lières* ; la seconde, ceux à *feuilles opposées*
et à *fleurs irrégulières* ; la troisième, enfin,
ceux à cinq *étamines fertiles*. On donne
quelquefois au Geranium le nom de *bec de
grue,* sans doute par allusion à la forme de

ses fruits, qui ressemblent assez au bec de cet
oiseau. Sa tige est velue ; ses feuilles ont de
l'analogie avec celles de la mauve. Sa fleur,
couleur de pourpre, est d'un abord sombre et
triste ; elle ne répand aucun parfum pendant
le jour : mais, le soir, elle embaume l'air d'une
odeur exquise, qui nous présage l'approche de la
nuit dont elle est l'emblême. Tâchons maintenant de faire connaître, en peu de mots, les principales variétés du Geranium. Le *Geranium
strié*, originaire de l'Italie, paraît d'abord à
nos yeux ; il a des feuilles luisantes ; et, depuis le mois de mai jusqu'au commencement de
l'automne, il se montre paré de fleurs blanchâtres veinées de rouge ; après lui, vient le
*Geranium argenté*, qui doit cette qualifica-
tion au duvet soyeux de ses feuilles ; il est
suivi du *Geranium à feuilles d'anémone*,
dont les grandes feuilles, d'un beau vert, récréent agréablement la vue, tandis que ses
fleurs déploient des pétales arrondis, colorés
de lilas rosé. Je dois me garder aussi d'oublier

le *Geranium odorant* qui exhale le parfum de la rose; ses feuilles en sont imprégnées, au point qu'il se communique aux doigts qui les touchent. Je pourrais citer encore d'autres Geraniums que leurs couleurs brillantes ou leur suavité rendraient dignes d'embellir nos parterres, s'ils n'exigeaient trop de soins. Ils doivent figurer dans les orangeries.

# FLAMBE.

PARMI toutes ces autres fleurs,
Recevez cette Flambe, ô Julie adorable !
C'est le vivant portrait des mortelles douleurs
Que cause, dans mon sein, une plaie incurable :
Pour vous montrer l'état de mon cœur consumé,
Je ne pouvais choisir qu'un objet enflammé.

En effet, la fleur de cette plante est ordinairement couleur de feu; et l'on en a fait naturellement l'emblême de la flamme. Les botanistes ont classé la Flambe parmi les iris.

P. Bessa pinx.

Vaillant sculp.

Oreille d'Ours.

Ses tiges arrondies s'élèvent à la hauteur d'environ trois pieds, et ses larges feuilles, d'un vert glauque, ont la forme d'une épée à deux tranchans. On cultive la Flambe dans les jardins ; elle concourt à l'ornement des plates-bandes, où elle plaît par les couleurs variées de ses bouquets, tantôt d'un violet brillant, tantôt d'un jaune pâle, et le plus souvent d'un pourpre enflammé.

## OREILLE D'OURS.

CETTE plante est originaire des sommets glacés des Alpes ; elle doit son nom à sa forme, analogue à celle des oreilles de l'ours, et c'est aussi par le même motif qu'on en a fait le terrible symbole du *guet-à-pans*. J'ajouterai, sans qu'on puisse me soupçonner de malignité, que l'Oreille d'ours est la fleur favorite des Anglais. Les Flamands se sont appliqués, les premiers, à sa culture : c'est à eux

que nous en sommes redevables, bien qu'elle
croisse naturellement dans plusieurs de nos
provinces. L'Oreille d'ours porte encore le
nom de *Primevère auricule*; ses feuilles larges, ovales et dentées, semblent, dans quelques variétés, couvertes d'une poudre blanchâtre; ses fleurs, les premières qui décorent
nos jardins, annoncent l'approche du printemps. Rangées en parasol, elles couronnent
agréablement des tiges élevées de cinq à six
pouces; et chacune d'elles forme un enton-
noir évasé, ou une espèce de cloche, dont les
pétales veloutés éclatent souvent des plus
vives couleurs. Cette fleur est d'autant plus
recherchée, qu'elle est plus bizarre; heureux
le fleuriste qui possède, dans son parterre,
de ces Oreilles d'ours, dont chaque tige offre
un grand nombre de clochettes brillantes,
satinées, ou richement panachées, il peut être
sûr que tous les amateurs les rechercheront
avec empressement. On appelle *œil* une petite
raie qui se trouve au milieu de la fleur, sur

son tuyau; dans une belle Oreille d'ours, il faut que cet œil, bien ouvert et toujours sec, soit entouré de paillettes, en forme de soleil, — et que les pétales, qui s'y rattachent, soient plus foncés à leurs bases qu'à leurs sommets. Dans quelques variétés, par exemple, le violet ou le bleu, qui décore le fond du calice, se dégrade insensiblement, et se change, au bord des pétales, en un superbe rouge de feu. D'autres Oreilles d'ours sont mordorées ou panachées de vert olive, de brun, de jaune éclatant. L'Oreille d'ours exige des soins particuliers; elle redoute les arrosemens trop abondans, et l'on doit sur-tout éviter de l'exposer à l'ardeur du soleil.

# CAPUCINE.

CETTE plante doit évidemment son nom à la forme de ses fleurs, qui rappelle la coiffure des Capucins; et des gens d'un esprit méchant soutiennent que ce même motif a déterminé les poètes à en faire le symbole de la stupidité. Quoiqu'il en soit, la Capucine sera toujours une fort jolie plante, et nous devons un juste tribut de reconnaissance au voyageur qui, du fond du Mexique, l'apporta, le premier, dans nos climats. Aujourd'hui la Capucine décore tous les jardins ; elle pare, de ses feuilles en parasols, les treillages de nos bosquets ; elle figure aussi dans les parterres, et ses fleurs parfumées, brillantes des couleurs de l'aurore, se distinguent par leur fraîcheur, qu'elles conservent au milieu même des chaleurs brûlantes de l'été. Cependant la Capucine se plaît dans les lieux humides, au bord des fontaines ; c'est le cresson du Mexique. Elle monte à une grande hauteur ; et ses feuilles, ainsi que ses fleurs, ont une saveur agréable et piquante, qui les fait employer souvent à parfumer les salades. La Capucine offre plusieurs singularités remarquables. Si, par exemple, vous en placez un pied sur une fenêtre, ses feuilles se tourneront toujours vers le soleil : jamais vous n'en verrez que le dessous. Je dois me garder aussi d'oublier une autre propriété que mademoiselle Linnée, la première, observa, dit-on, dans cette plante :

La Capucine voit ses fleurs,
Cédant au pouvoir magnétique,
Lancer l'étincelle électrique,
Et l'éclair aux vives couleurs.

Mais ce phénomène ne se manifeste que le matin, avant le lever du soleil, et le soir, après son coucher.

## DIGITALE.

CETTE plante doit son nom à la ressemblance qu'offrent ses fleurs avec un dé à coudre. La famille des Digitales se compose de plusieurs espèces diversement colorées. La Suisse a sa Digitale *à grandes fleurs*, d'un

beau jaune, panaché de pourpre ; l'Espagne a
sa Digitale *obscure*, dont les fleurs roussâ-
tres paraissent au mois de juin, et durent
jusqu'en juillet ; l'Italie a sa Digitale *ferrugi-
neuse*, ainsi appelée par allusion à la couleur
de ses fleurs et de ses tiges, hautes parfois de
cinq ou six pieds, garnies de feuilles nombreuses, rangées dans leur longueur, et disposées en rosettes. On trouve encore, en
Afrique, une superbe Digitale, dite *des Canaries*, remarquable par ses feuilles en touffes et lancéolées, par sa tige rameuse, et par
ses grandes fleurs en épis d'un jaune safrané.
La France possède aussi sa Digitale *pour-
prée :* c'est cette jolie plante bisannuelle, si
connue sous le nom de *Gant de Notre-
Dame ;* elle croît naturellement aux environs
de Paris : on la rencontre au bois de Bou-
logne et sur les riches coteaux de Meudon. Elle
a des feuilles ovales cotonneuses et blanchâtres,
et ses fleurs, purpurines, semblables à de légères cloches, décorent élégamment sa tige.

La Digitale se place quelquefois dans des plate-
bandes, mais elle y offusque la vue par sa
trop grande hauteur. Il vaut mieux l'employer
à tapisser les murailles des jardins.

## ASPHODÈLE.

L'ASPHODÈLE aux muets tombeaux
Arrache les livides ombres
Et du Léthé borde les eaux.

C'était le sentiment des anciens. Selon eux,
le fleuve de l'oubli traversait une vaste prairie
d'Asphodèles ; ils croyaient que cette plante
était agréable aux morts : ils en paraient leurs
tombes ; ils avaient même fait, de l'Asphodèle,
l'emblême de la nourriture, parce que ses racines charnues et fibreuses contiennent, dit-
on, une substance nourrissante. Des savans
prétendent que l'on en pourrait faire du pain,
ce qui serait assurément fort curieux : Dieu
veuille cependant que nous n'en fassions ja-

9

mais l'épreuve. L'Asphodèle tire son nom d'un mot grec qui signifie *sceptre*, ou *bâton royal*; cette pompeuse dénomination lui vient de la hauteur de sa tige droite et ferme, que surmonte une superbe pyramide de fleurs d'or, de l'aspect le plus majestueux. Il existe une autre espèce d'Asphodèle, dont la fleur forme un épi blanc, rayé de pourpre à l'extérieur; elle est originaire du Languedoc, fleurit au milieu de mai, et décore agréablement nos parterres.

# PHLOX.

PEU de plantes présentent des bouquets plus frais, des masses plus agréables. Les feuilles du Phlox sont unies, lancéolées, d'un vert clair; et ses fleurs, qui se multiplient et se pressent vers le sommet de la tige, forment un globe magnifique; ces bouquets sont tan‑ tôt d'un beau lilas légèrement mélangé de rose, tantôt d'un pourpre brillant comme du feu : c'est ce qui a fait donner à cette plante le nom de Phlox, qui, en effet, signifie *flamme*. Le Phlox nous vient de l'Amérique septentrionale ; les botanistes en comptent de nombreuses espèces. Je citerai d'abord le Phlox *divariqué*, dont les fleurs, d'un gris de lin, rassemblées en grappes élégantes, s'épanouissent aux premiers jours du printemps. Le Phlox *blanc* vient après lui ; il se fait admirer par la beauté de ses fleurs odorantes, d'un blanc pur, et par ses feuilles, constamment panachées de nuances blanchâtres. Le Phlox *moyen*, le Phlox *velu*, le Phlox *à feuilles étroites*, le Phlox *rampant*, le Phlox *à feuilles ovales* figurent ensuite dans les nomenclatures ; je ne les décris point, ils n'offrent pas de caractères assez importans ; mais je me garderai d'oublier le Phlox *paniculé*, sans contredit l'un des plus beaux, qui fleurit à la fin d'août, et le Phlox *de la Caroline*, dont les tiges élevées sont garnies de

feuilles lisses et douces au toucher, et dont la
fleur, d'un rouge intence, est disposée en corymbe. Le Phlox peut décorer un parterre ;
sa culture est assez facile, il faut seulement le
protéger contre les vents du nord, et le retirer, en hiver, dans une orangerie.

## ADONIDE.

Si quelque soin vous tient de vous rendre immor-
telle
Et de voir votre nom par le monde semé,
Rendez-vous à l'amour, ne soyez plus rebelle :
Si je fleuris encor, c'est pour avoir aimé.

En effet, c'est à l'amour de Vénus qu'A-
donis doit toute sa célébrité ; grâce à cette
déesse, son nom est à jamais immortel ; et,
quand nous voyons une Adonide, nous donnons encore des larmes au sort de ce malheureux chasseur. Quelques poètes disent qu'A-
donis fut métamorphosé en Anémone ; mais

cette fleur ressemble si fort à l'Adonide, qu'ils ont bien pu s'y méprendre. Les fleuristes distinguent l'Adonide d'*été* et l'Adonide *printanière*; la première, indigène en France, est une plante annuelle; elle présente une touffe de feuilles finement découpées, parmi lesquelles brillent, au mois de juin, de petites fleurs à huit ou dix pétales, blanches ou jaunes, ou quelquefois d'un rouge de sang. Quant à l'Adonide *printanière*, c'est une plante vivace, originaire des montagnes de la Suisse et de l'Italie; elle ressemble un peu par ses feuilles, à l'Adonide d'été, mais ses fleurs sont constamment jaunes, et se montrent souvent dès le mois de mars. L'Adonide trouve place dans nos jardins : elle est encore aujourd'hui l'emblême de la chasse; elle a même inspiré ces jolis vers à une jeune beauté qui déplorait l'absence de son amant, chasseur passionné :

O fleur, si chère à Cythérée,
Ta corolle fut, en naissant,

Du sang d'Adonis colorée.
Hélas ! à ta vue, égarée,
Je frémis pour mon jeune amant.

## CAMPANULE.

J'AI toujours admiré cette jolie plante. J'ignore s'il est une fleur qui unisse, à des couleurs aussi fraiches, plus de grace et de légèreté; mais n'observez pas l'humble Campanule du haut de votre grandeur, à peine pourriez-vous la discerner; elle est si petite, que souvent le moindre brin d'herbe la dérobe à nos regards. Pour la juger, il faut la cueillir : alors on contemple avec un véritable étonnement les découpures de ses feuilles, ses tiges satinées, ses fleurs en clochettes, colorées d'un lilas ravissant. Leur calice est un petit godet du tissu le plus fin ; elles sont légères comme le zéphyr qui les balance. Je ne parle ici que de la Campanule qui croît naturellement dans nos bois, et qui décore nos gazons ; car cette plante offre d'autres espèces bien différentes ; plusieurs même s'élèvent à une grande hauteur. Telle est cette superbe Campanule *pyramidale*, dont la tige majestueuse se couronne, vers la fin de l'été, de bouquets blancs comme la neige, ou d'un bleu d'azur : telle est encore la Campanule *des jardins*, qui orne si bien nos parterres par son feuillage semblable à celui du pecher, et par ses cloches élégantes. Je ne dépeindrai ni la Campanule à *grosses fleurs*, originaire d'Italie, ni la Campanule *gantelée*, ni la Campanule *doucette*, que je traiterai sous le nom de miroir de Vénus, ni la Campanule *dorée* de l'île de Madère, ni la Campanule *des Alpes*, ni la Campanule à *feuilles rondes*, ni la Campanule à *larges feuilles*; je me permettrai seulement d'ajouter, en faveur de mes aimables lectrices, que le joli nom de Campanule a son étymologie dans un mot latin qui signifie *clochette*, et qui exprime parfaitement la forme de cette fleur. Quelques gens donnent à la Campanule le nom de *Religieuse des champs*, sans doute par allusion à sa simplicité et à ses vertus salutaires. On en a fait l'emblême de la reconnaissance.

## OPHRYS.

L'Ophrys, indigène en France, est de la famille des orchies ; il n'existe peut-être pas de plante plus singulière.

> Sur sa tige droite, l'Ophrys
> Montre aux yeux une mouche ailée.
> L'insecte qui passe est surpris ;
> Il regarde, il prend sa volée,
> Et fuit le poste qu'il croit pris.

Les fleurs bizarres de l'Ophrys représentent aussi quelquefois des bourdons, des araignées, même un homme pendu ; le pétale inférieur en imite le corps et les quatre membres : c'est

pour cela qu'on a fait de cette plante le symbole des supplices.

Qu'une plante pareille, à travers l'Océan,
Vint des bords reculés d'Amboine ou de Ceylan ;
Comme elle se verrait en tous lieux admirée !
Et pourtant de nos bois la richesse ignorée
Appelle vainement un œil observateur;
Leur vénérable enceinte est en proie au chasseur;
L'écho n'y réfléchit que des sons homicides,
Ou les coups répétés des bûcherons avides.

L'Ophrys croît ordinairement dans les pâturages secs ; sa tige est garnie de deux ou
trois feuilles arrondies ; et elle offre des fleurs
depuis le mois d'avril jusqu'en septembre : on
la nomme autrement *double feuille*.

~~~~~~~~~~~~~~~~~~~~~~~~~~~~~~~~~~~~~~~~~~~~~~~~~~~~~~

# MARJOLAINE.

LA Marjolaine est l'ornement de toutes les
guirlandes tressées dans les fêtes villageoises;
c'est l'emblême des plaisirs champêtres : ses
~~~~~~~~~~~~~~~~~~~~~~~~~~~~~~~~~~~~~~~~~~~~~~~~~~~~~~

fleurs et même ses feuilles exhalent un parfum doux et pénétrant. Si nous en croyons les anciens, qui se plaisent toujours dans les fictions, un officier de Cynire, roi de Chypre, nommé Amaracus, ayant eu le malheur de casser des vases qui contenaient des aromates, en sécha de douleur, et les dieux, touchés de compassion, le métamorphosèrent en Marjolaine; d'un autre côté, l'on nous assure que c'est Vénus qui la fit naître sur les bords du Simoïs; pour moi, je dirai moins poétiquement, mais avec plus de vérité, que cet arbuste tire son origine du fond de la Barbarie. La Marjolaine porte aussi le nom d'*origan*; les jardiniers la cultivent, à cause de son élégance et sur-tout de ses qualités aromatiques; mais accoutumée aux climats heureux de l'Orient et de la Provence, elle ne peut souvent supporter la rigueur de nos hivers. La variété la plus recherchée est celle que l'on désigne sous le nom de *Marjolaine à coquille* : ses feuilles arrondies sont couvertes, en dessous, d'un duvet léger : ses fleurs roses ou blanches, disposées en bouquets aux sommets des rameaux, charment l'odorat par leur délicieuse suavité. Vous rencontrerez aussi, parfois, dans les bordures la Marjolaine *panachée*, dont les feuilles sont agréablement jaspées de jaune pâle ; la Marjolaine *velue*, et une autre Marjolaine qui a des feuilles aussi petites que celles du thym. La Marjolaine possède une grande vertu, s'il est vrai, comme on le dit, qu'elle rende l'odorat à ceux qui en sont privés.

## COQUELICOT.

On dédaigne le Coquelicot ; il semblerait que cette fleur n'est destinée qu'à devenir le jouet des enfans, qui la mêlent aux bluets pour en faire des couronnes. On serait presque tenté de croire que le Coquelicot est une herbe inutile, propre tout au plus à servir de parure aux bergères. Bien des gens ont même voué une espèce de haine à cette plante, qu'ils regardent comme l'ennemie de la culture. Cependant le Coquelicot recèle dans son sein des sucs bien salutaires. Il calme les douleurs du malade, en lui procurant un sommeil bienfaisant; il est, pour lui, le symbole de la consolation. Le Coquelicot est du genre des pavots: il est très-commun en France, on le rencontre partout dans nos bleds. Plus petit que le pavot, il est velu dans toutes ses parties; sa tige est droite et rameuse, sa feuille sinueuse et dentelée; et c'est au mois de juin que ses fleurs, d'un rouge vif, déploient leurs larges pétales. On ne cultive dans les jardins que la variété dont les fleurs doubles sont blanches, roses ou rouges, et quelquefois bordées d'un liseré noir ou blanc. Ces Coquelicots doubles produisent un très-agréable effet dans les bordures et dans les plates-bandes.

# ARUM.

L'ARUM est une de ces plantes dans les‑
quelles la nature semble avoir pris plaisir à
signaler sa bizarrerie. Il en existe plusieurs
espèces, toutes remarquables par leur singu‑
larité. Quelques‑unes se voient dans les par‑
terres, et notamment l'Arum *pied-de-veau*,
que les jardiniers désignent encore sous le
nom de *gouet* ; cette plante offre, à l'époque
de la fécondation, un phénomène particulier.

> Voyez, ô prodige étonnant !
> L'Arum, qu'admire l'Italie,
> Si le nœud de l'hymen la lie,
> Lancer, de son spadix brûlant,
> Un feu bien plus étincelant
> Qu'à toute autre heure de sa vie.

C'est ce qui a déterminé les poètes à faire
de l'Arum l'emblême de l'ardeur. L'Arum
*gobe-mouche*, de l'île de Minorque, est aussi

fort singulier; sa tige se couronne, au mois de mars, d'une fleur jaunâtre, en forme de cornet roulé, qui exhale une odeur fétide. Cette odeur attire les mouches : mais à peine se reposent–elles sur la fleur, qu'elles se trouvent prises par les poils dont l'intérieur est hérissé. Nous ne devons pas oublier non plus de jeter un coup–d'œil sur l'Arum *serpentaire* qu'on rencontre souvent en France, et qui doit son nom à sa tige, haute de deux pieds et tachetée comme la peau d'un serpent. Ses fleurs, qui s'épanouissent au mois de juin, ont la même forme, la même odeur que celles de l'Arum *gobe-mouche;* mais elles sont, en dedans, d'un pourpre foncé et vertes à l'extérieur. Je ne terminerai pas la description de l'Arum sans dire un mot de l'espèce connue sous le nom de *pied-de-veau commun*, parce que sa forme est à-peu-près celle du dessous d'un pied de veau. Sa fleur, d'un blanc jaune, et ensuite rougeâtre, est assez insignifiante; mais ses baies, rouges comme du corail, dé–

corent agréablement les haies dans les mois d'août et de septembre.

~~~~~~~~~~~~~~~~~~~~~~~~~~~~~~~~~~~~~~~~~~

# BASILIC.

Il fut un temps où le Basilic jouait un grand rôle dans nos jardins, où chacun en décorait, à l'envi, ses fenètres; mais, hélas! son règne est passé; il n'est personne aujourd'hui qui ne possède des tulipes ou un hortensia; le Basilic est dédaigné; à peine peut-il encore trouver place dans l'humble réduit du plus modeste artisan. Cependant il exhale toujours ce même parfum qui lui avait valu, chez les anciens, le superbe titre d'*herbe-royale*, (car telle est la signification du mot basilic.) Cette plante, par son odeur, est propre à réveiller les esprits; elle inspire la gaîté, aussi l'a-t-on comparée à une femme spirituelle qui possède le talent de distraire agréablement les personnes les plus mélancoliques. Le Basilic est
~~~~~~~~~~~~~~~~~~~~~~~~~~~~~~~~~~~~~~~~~~

originaire de la Perse ; on en distingue quatre espèces, toutes annuelles : le Basilic *commun*, le *petit* Basilic, le Basilic *de Ceylan* et le Basilic à *grandes fleurs*. Pour ses variétés, elles sont innombrables ; quelques-unes ont des feuilles panachées de violet ; d'autres forment de jolis buissons arrondis et portent des fleurs très-odorantes.

Autrefois, dit-on, les touffes du Basilic recelaient une sorte de serpent dont le regard suffisait pour donner la mort ; mais aujourd'hui l'on ne voit plus, sur cette plante, que des abeilles qui recueillent avidement les sucs embaumés de ses fleurs.

## ASCLÉPIADE.

CETTE plante est encore appelée *dompte-venin*, par allusion à ses vertus salutaires ; elle est, dit-on, l'emblême de la médecine, et jadis on la consacrait à Esculape. Vous

rencontrerez souvent l'Asclépiade aux environs de Paris ; il se trouve au bois de Bou-
logne, près de la plupart des buissons. Vous
le pourrez reconnaître à sa tige arrondie et
d'un vert clair qui s'élève à la hauteur de
deux ou trois pieds, à ses feuilles arrondies
en cœur et à ses fleurs blanches, en forme de
vase. J'ai souvent pris plaisir à observer l'irri-
tabilité des fibres qui composent la fleur de
l'Asclépiade ; je plaçais une mouche dans son
calice ; aussitôt ses pétales se contractaient, et
l'insecte se trouvait emprisonné. On trouve
l'Asclépiade dans la Virginie, sur la côte
d'Afrique, et même à la Chine. Les botanistes
en comptent huit espèces ; plusieurs d'entr'elles
se distinguent par l'agréable parfum de leurs
fleurs.

# TUBÉREUSE.

LA Tubéreuse n'est autre chose qu'une espèce de Jacinthe, originaire des Indes. On raconte diversement son histoire. Selon quelques botanistes, l'Europe en est redevable à
un négociant, nommé Francus, qui la trans-
planta en Italie, d'où elle passa bientôt dans
nos provinces méridionales ; mais d'autres
disent que c'est le père Minuti qui nous apporta, le premier, de la Perse, cette belle plante.
On donne à la Tubéreuse le nom de *jacinthe
des Indes* ; cependant il est bon de dire
qu'elle diffère, sous plusieurs rapports, de la
jacinthe ; d'abord sa tige et ses oignons ne
sont pas semblables ; la jacinthe fleurit au
printemps ; la Tubéreuse, en été et en automne :
l'une et l'autre offrent bien des variétés simples et doubles, mais la Tubéreuse n'est que
d'une seule couleur ; il est vrai que les fleu-

Tubéreuse et Rose d'Inde.

ristes ont trouvé moyen de relever sa blancheur par une légère nuance de rouge qui la
fait, pour ainsi dire, méconnaître. Les Tubéreuses sont, dans la Provence, l'objet d'un
commerce étendu; on en fait des envois dans
toute l'Europe, et sur-tout en Angleterre et en
Hollande, où elles sont singulièrement recherchées. En effet, peu de fleurs offrent à-
la-fois plus d'élégance, des couleurs plus
fraîches, un parfum plus exquis. La tige élancée de la Tubéreuse se termine par un superbe
épi de fleurs blanches, quelquefois doubles et
lavées de rose à leur sommet extérieur; ses
fleurs, qui s'épanouissent successivement, durent trois mois consécutifs, et embaument l'air
par leur odeur suave et pénétrante.

Voici comment la Tubéreuse se dépeint
elle-même sous la plume de madame Scudéry.

Des bords de l'Orient je suis originaire;
L'astre brillant du jour se peut dire mon père.
Le printemps ne m'est rien; je ne le connais pas,
Et ce n'est point à lui que je dois mes appas.

Je l'appelle, en raillant, le père des fleurettes,
Du fragile muguet, des simples violettes,
Et de cent autres fleurs qui naissent tour-à-tour,
Mais de qui les beautés durent à peine un jour.
Voyez-moi seulement : ma fraîcheur est exquise,
J'ai le teint très-uni, ma taille est fort bien prise,
Des roses et des lis j'ai le brillant éclat,
Et du plus beau jasmin le lustre délicat;
Je surpasse, en odeur, et la jonquille et l'ambre,
Et le plus grand des rois me souffre dans sa
      chambre.

Ce dernier vers fait allusion à la passion de Louis XIV pour les Tubéreuses, et rappelle un trait bien touchant de madame de la Vallière. Cette infortunée, étant devenue mère pendant la nuit, eut le courage, pour éloigner les soupçons, d'aller, le lendemain matin, au-devant de la reine qui, selon sa coutume, traversait son appartement pour se rendre à la messe; elle fit même couvrir sa cheminée de Tubéreuses, dont l'odeur forte pouvait lui donner la mort. Depuis lors, cette fleur fut toujours chère à Louis XIV, qui ne

pouvait la voir sans une espèce d'attendris-
sement.

~~~~~~~~~~~~~~~~~~~~~~~~~~~~~~~~~~~~~~~~~~~

# ARGENTINE.

CETTE plante vivace est encore désignée
sous les dénominations de *Céraïste coton-
neux*, d'*Herbe aux oies*, et d'*Oreille de
souris*. Son nom d'*Argentine* lui vient de ce
que ses feuilles et ses tiges sont couvertes
d'un duvet soyeux, qui a l'éclat de l'argent.
L'Argentine trace beaucoup, et ne s'élève
guères à plus de cinq ou six pouces; elle ne
figure bien que dans les bordures et les massifs des parterres. Sa fleur, composée de cinq
pétales, paraît aux beaux jours du mois de
mai; elle s'évase circulairement, et dix étamines légères élèvent, du milieu de son calice, leurs anthères dorées. Le vase d'albâtre
qui les contient, est assez transparent pour se
nuancer au fond de la teinte verte du calice.
~~~~~~~~~~~~~~~~~~~~~~~~~~~~~~~~~~~~~~~~~~~

il exhale, d'ailleurs, une odeur douce et suave, qui paraît d'autant plus charmante , qu'on ne l'attend pas dans un si frêle objet. L'éclat des feuilles de l'Argentine et le parfum de ses fleurs l'ont fait comparer à un riche bien-faisant qui se plaît à faire le bonheur de tout tout ce qui l'environne.

## ROSE D'INDE.

JE dirai fort peu de chose de la Rose d'Inde ; elle est désignée par les botanistes sous la dénomination de *Tagètes*, mot grec qui signifie *principauté* : il exprime le rang que cette plante tenait jadis dans les parterres. La Rose d'Inde porte encore le nom de *Grand Œillet d'Inde*, parce que ses fleurs, semblables à des œillets, sont à-peu-près de la dimension d'une rose. La tige élancée de la Rose d'Inde est ornée de feuilles oblon-gues, d'un vert foncé, parsemées d'une multitude de petits points presque transparens. Quant à ses fleurs, elles s'épanouissent au mois de juillet, et durent jusqu'en octobre ; elles sont terminales, et souvent d'un beau jaune. Il existe des variétés de Rose d'Inde à fleurs doubles, d'un rouge orangé, rayé de jaune, et-quelquefois à fleurs blanches. En automne, la Rose d'Inde fait l'ornement des plate-bandes ; on la place parmi les fleurs de moyenne espèce.

## AMBROISIE.

L'AMBROISIE fait partie de la famille des Arroches ; elle nous vient du Mexique, où on l'emploie souvent en guise de thé ; ses feuilles, lancéolées, sont d'un beau vert ; et sa tige rameuse s'élève à la hauteur d'environ deux pieds ; pour ses fleurs, elles sont absolument insignifiantes. On cultive fréquemment l'Ambroisie dans les jardins de Paris, à cause du parfum délicieux qu'elle exhale, et qui se communique à tout ce qui la touche ; elle était jadis très-estimée des anciens. L'Ambroisie, selon les poètes, servait de nourriture aux dieux; et l'on attribuait, à cette divine plante, la propriété de rajeunir ceux qui en mangeaient ; c'est pour cela, sans doute, qu'on en avait fait l'emblême de l'immortalité. Mais, hélas! aujourd'hui l'Ambroisie n'offre plus ces vertus merveilleuses. Cependant, en mémoire du rôle qu'elle jouait autrefois dans l'Olympe, on en a fait le symbole de la gastronomie.

# ÉGLANTINE.

CETTE jolie fleur est produite par l'Eglantier, sorte de rosier qu'on rencontre assez fréquemment aux environs de Paris. L'*Eglantier odorant* s'élève à cinq ou six pieds; il croît naturellement sur les montagnes, dans les haies, ou parmi les rochers; ses rameaux sont armés d'aiguillons très-aigus, et ses feuilles sont en dessus luisantes et d'un vert foncé. Au mois de juillet, l'Eglantier se couvre de fleurs rougeâtres légèrement parfumées. L'*Eglantier odorant* figure peu dans les jardins; cependant ses fleurs, agréablement nuancées, et souvent panachées de blanc, produiraient un fort bel effet au milieu des gazons. Cette espèce de rosier, malgré ses nombreuses variétés, se peut facilement reconnaître à l'odeur agréable de ses feuilles. L'Eglantine est la fleur des poètes. Aux jeux floraux, le prix de poésie est une Eglantine d'or. Les Arabes, qui sans doute n'ont point d'autre rose, font sur cette fleur des comparaisons charmantes; lorsqu'elle brille parmi le feuillage desséché de l'Eglantier, ils croient voir en elle une jeune beauté, dont les attraits semblent d'autant plus piquans que sa parure est plus simple.

~~~~~~~~~~~~~~~~~~~~~~~~~~~~~~~~~~~~~~~~~~~~~~~~~~~~

# DAHLIA.

CETTE belle plante vivace est, sans contredit, l'un des principaux ornemens de nos
grands jardins. Sa tige élevée, ses feuilles découpées avec élégance y produisent, en tous
temps, un agréable effet. Le Dahlia nous vient
du Mexique : dans cette contrée, l'on emploie
ses racines comme aliment ; mais, en France,
elles n'y sont encore d'aucun usage ; on recherche le Dahlia pour la beauté de ses fleurs, qui
naissent à la fin de l'été. Elles ressemblent
beaucoup à celles de la reine-marguerite,
mais elles sont deux fois plus grandes. Leurs
couleurs varient à l'infini ; il en est de blanches, de roses, de pourpres, de violettes.
Quelques botanistes ont fait deux espèces dis-
tinctes du *Dahlia rose* et du *Dahlia écarlate*, qui présentent, en effet, quelque différence dans leurs feuilles et dans leurs fleurs,
~~~~~~~~~~~~~~~~~~~~~~~~~~~~~~~~~~~~~~~~~~~~~~~~~~~~

Dahlia.

dont les rayons sont plus courts et plus serrés ; mais ordinairement on comprend, sous une seule espèce, toutes les variétés du Dahlia.

~~~~~~~~~~~~~~~~~~~~~~~~~~~~~~~~~~~~~

## MIROIR DE VÉNUS.

C'est dans nos champs, parmi nos bleds, que se trouve ordinairement cette fleur char—mante. Son corymbe brillant, qui réfléchit les rayons du soleil, lui a valu le nom de *Miroir de Vénus;* mais les botanistes la classent parmi les campanules. On en a fait l'emblème de la réflexion, comme aussi de la flatterie. Le Miroir de Vénus s'élève peu; ses tiges, d'une grande finesse, se terminent toutes par des bouquets de fleurs d'un joli violet et d'un beau bleu: ces fleurs forment une petite bourse qui se ferme le soir, et se r'ouvre à la lumière. Des nuances blanches ornent le bas de leur corolle; et leur calice se compose de cinq di—visions légères comme de petits brins d'herbe.
~~~~~~~~~~~~~~~~~~~~~~~~~~~~~~~~~~~~~

Le Miroir de Vénus est très-recherché des fleuristes ; il ressemble, dans les bordures, à un petit buisson à fleur de terre, qui étale, au lieu de feuilles, de jolies fleurs d'un violet brillant.

## BAGUENAUDIER.

LE nom de *Crotalaire* que le Baguenaudier porte en botanique, dérive d'un mot grec qui signifie castagnettes ; il exprime le son que rendent, lorsqu'on les agite, les siliques de cet arbrisseau. Parmi les différentes espèces de Crotalaires, celle de l'île de Bourbon doit tenir le premier rang ; elle s'élève à cinq ou six pieds, et produit le plus bel effet dans les jardins ; son feuillage est épais ; et ses rameaux se parent, au milieu de l'été, de grappes élé-gantes d'un jaune éclatant, parfois taché de rouge. Les autres espèces, savoir : la *Crota-laire à fleur pourpre*, originaire de l'Ile de

France, la *Crotalaire élégante* qui nous vient du Cap, et la *Crotalaire toujours fleurie*, sont plus petites et figurent moins agréablement. Tout le monde connaît les fruits du Baguenaudier ; ils ressemblent à des vessies et renferment de petites semences brunâtres : les enfans se font un plaisir de les presser dans leurs doigts, parce qu'en crevant ils produisent une espèce d'explosion : ce jeu donne lieu au mot baguenauder, qui signifie s'amuser à des riens ; et l'on a fait même du Baguenaudier l'emblème de la frivolité.

## ABSINTHE.

L'ABSINTHE croît dans toute la partie méridionale de l'Europe ; au midi de la France, on la rencontre autour des villages, dans les décombres, sur la lisière des bois. On doit distinguer la grande et la petite Absinthe. La première, dont la tige est ligneuse, s'élève quelquefois à deux pieds ; ses feuilles sont découpées et ses fleurs jaunâtres se suspendent, en grappes, à ses rameaux. Quant à la petite Absinthe, elle est moins grande de moitié ; ses feuilles sont nombreuses et plus découpées, et elle forme un assez joli buisson. Elle vient des bords de la mer Noire et de l'Italie ; l'Absinthe est accueillie dans les jardins à cause de son utilité. On sait que les sucs de cette plante sont d'un grand usage en médecine ; leur amertume est d'ailleurs excessive ; Demoustier y fait allusion dans ces jolis vers.

Nymphes, que l'amour dans vos yeux
Brille et s'aperçoive sans peine,
Comme l'on voit l'azur des cieux
Dans le cristal d'une fontaine.

Ne trompez jamais ; le serment
Qui sort de vos lèvres vermeilles
Est aussi doux, pour votre amant,
Que le miel des jeunes abeilles.

Mais la séduisante douceur
D'un aveu dicté par la feinte,
Pour un crédule et tendre cœur,
Est plus amère que l'Absinthe.

# ANCOLIE.

On connaît deux espèces d'Ancolies, celle des jardins, et celle du Canada. La première est cette plante vivace que les gens de la campagne distinguent sous le nom de *Gantelée,* ou de *Gant de Notre-Dame;* on la trouve dans les bois, où elle fait l'ornement des buissons. L'Ancolie figure aussi dans la plupart de nos jardins; vous la reconnaîtrez à sa tige svelte, à ses rameaux délicats, à ses feuilles découpées et d'un vert clair; ses fleurs, qui s'épanouissent au mois de mai, sont d'une beauté ravissante. Il faut vous représenter une riche corolle, tantôt blanche, tantôt rose, tantôt violette, tantôt d'un bleu de porcelaine;

composée de cinq pétales arrondis , qui reposent sur l'extrémité de la tige, et se relèvent avec
grace. La fleur de l'Ancolie est toujours pen-
chée; c'est comme une belle cloche ornée
de draperies, ou plutôt comme une réunion
de clochettes chinoises qui se balancent au
gré des zéphyrs. Le léger duvet qui couvre les
tiges de l'Ancolie a déterminé quelques poètes
à en faire l'emblême de l'adolescence; d'autres, par allusion à ses fleurs qui offrent quelque ressemblance avec des grelots, en ont
fait le symbole de la folie.

## RENONCULE.

On ne croirait pas qu'une fleur pût avoir
rien de commun avec les grands événemens
de notre histoire ? C'est cependant le cas où
se trouve la Renoncule; sans les Croisades,
on ne l'eut peut-être jamais vue en France; ce
fut saint Louis qui l'y apporta le premier.

P. Bessa pinx.                                        Teillard sculp.

*Renoncules semi-doubles.*

Dans l'origine on la négligeait; elle croissait avec l'herbe des champs; mais un certain visir, nommé Cara Mustapha, la tira de son obscurité. Ce turc, qui se plaisait dans la solitude, voulut faire partager ses goûts au sultan; afin d'y parvenir, il lui inspira du penchant pour les fleurs; il en décora tous les jardins du sérail. Bientôt, il s'aperçut que son maître préférait la Renoncule aux autres fleurs, et il en fit apporter, à Constantinople, de toutes les parties de l'Orient; mais une fois renfermées dans l'enceinte inaccessible du sérail, ces fleurs n'en pouvaient facilement sortir...... Cependant, on en obtint à force de séduction, et elles se répandirent dans toutes les Cours de l'Europe. Depuis lors, la Renoncule fait les délices des fleuristes. On compte sept espèces de Renoncules; je ne citerai que la Renoncule *des jardins*, la Renoncule d'*Afrique*, dont la fleur est rouge et qui est la moins recherchée; la Renoncule à *feuilles d'aconit*, jolie plante, connue généralement sous le nom de *bouton d'argent*; enfin cette charmante Renoncule dont les fleurs brillent au mois de mai, et qui porte, dans nos jardins, le nom de *bouton d'or*. Je dois ajouter que la Renoncule, si séduisante par son éclat, contient un venin mortel; les brebis qui la touchent périssent bientôt; et c'est, dit-on, avec le suc de cette plante que les anciens empoisonnaient leurs flèches.

> Vois, mon fils, ce bouton charmant
> Que Zéphyr berce de son aile;
> Comme il étale, en s'inclinant,
> L'or dont sa corolle étincelle !
>
> Ce joli bouton satiné,
> Qui sourit comme l'innocence,
> Recèle un suc empoisonné,
> Et souvent blesse l'imprudence.
>
> Des pièges d'un monde inconnu
> Apprends, mon fils, à te défendre;
> Tel nous montre un front ingénu,
> Qui ne cherche qu'à nous surprendre.

C. DUBOS.

La Renoncule était jadis, selon les mythologues, un beau jeune homme qui charmait, par sa voix mélodieuse, les nymphes de l'Orient; mais pourquoi fut-il métamorphosé en fleur? C'est ce qu'on ne nous apprend pas.

—

# LE MARCHÉ AUX FLEURS.

### PREMIÈRE PROMENADE.

Il est huit heures : voici l'instant favorable, courons au *Marché aux Fleurs*. Tout est rangé, tout est en place ; j'aperçois déjà les jeunes orangers, dont la tête se blanchit de fleurs nombreuses, le rosier qui m'offre toutes ses fleurs épanouies. Quel plaisir de se promener entre deux allées odorantes de bouquets que le hasard a groupés là sans ordre, mais dont on croirait qu'un art ingénieux a pris soin d'assortir les couleurs ; ma route est embaumée des suaves émanations de tant de jolies fleurs.

J'admire le bel *Agaphantus*, déployant l'azur de son ombelle sur son feuillage incliné ; le *Volkameria* dont les fleurs ramassées en boule, et d'un blanc teinté de rose, sont délicieusement parfumées ; le *Kalmia*, couvert de corymbes élégans ; les coupes odorantes, et d'un blanc si pur, du *Magnolia grandiflora* ; le *Metrosideros*, couronné de panaches d'un rouge éclatant, au-dessus desquels brille, en filets légers, l'or de ses étamines. Ces plantes sont, pour la plupart, destinées à satisfaire les caprices de l'opulence. Mais il en est d'autres, en récompense, qui ne leur cèdent point en agrément, grâce à la culture, et sont d'un prix que la médiocrité peut atteindre. Aussi le luxe innocent des fleurs n'a-t-il jamais été plus répandu. L'humble artisan, qui se contentait des touffes plébéïennes du *basilic*, nourrit un *hortensia* sur sa fenêtre.

« Qu'est-ce que tout cela près de la rose ? » disait, l'autre jour, Ernestine ; à Dieu ne plaise que je dénigre jamais la rose ! c'est un des présens les plus aimables que nous ait faits la terre. Mais pourquoi vouloir retrécir le cercle

12

de nos jouissances ? préférons, n'excluons pas. Je ne puis, quant à moi, me défendre d'une sorte de reconnaissance à l'aspect de tous ces végétaux qui, depuis un demi-siècle, ont échangé leur patrie contre la nôtre. Je remercie les uns de ce qu'ils ont quitté, pour nous, les Archipels de l'Océan Pacifique ; les autres de ce que, nés sous le ciel des Incas, ils ne refusent point de s'épanouir aux rayons d'un soleil moins propice. Je remercie les cultivateurs qui les ont multipliés, et sur-tout les voyageurs, qui, pour nous en procurer la jouissance, ont bravé la fureur des mers, gravi des cîmes escarpées, battu des routes semées de précipices, franchi des marais profonds : hommes rares, à qui la conquête d'un arbuste paraissait plus précieuse que celle d'un empire.

Mais, pendant que ces réflexions m'occupent, les curieux, les amateurs et sur-tout les désœuvrés arrivent, se croisent, regardent, marchandent, achètent.... Cet observateur,

assis vis—à—vis d'un groupe de fleurs en dé—
sordre, est probablement un peintre, étudiant
ses modèles. Il est aisé de peindre une fleur
isolée, d'en imiter le coloris éclatant, le tissu
délicat; mais on ne fait un tableau de fleurs
qu'en combinant le choix des accidens, le jeu
de la lumière, l'harmonie des teintes, et ces
hasards heureux qui relèvent une tige avec
grace, en renversent une autre, et donnent
à la composition entière du mouvement et de
la vie. La nature présente tous ces effets à qui
sait les apercevoir.

Cette jeune et jolie personne ne m'est pas
inconnue. Madame *** la recueillit après la
mort d'un père, joueur effréné, qui l'a laissée
dans l'indigence. Elle cherche deux pots de
*cyclamen*, fleur un peu bizarre, sans doute,
mais qui plait à sa bienfaitrice, et dont le prix,
d'ailleurs, ne saurait déranger beaucoup les
petites économies de l'orpheline.

Un essaim de jeunes écoliers fond, comme
l'orage, sur l'un de ces jardins ambulans. Il

leur faut deux arbustes, myrte ou laurier, pour être offerts au maître de pension, selon *l'usage antique et solennel.* La bande tumultueuse casse des pots, brise des tiges ; on s'emporte, on jure, elle en rit....

Laissons-les guerroyer avec le jardinier, et suivons cet homme qui passe au marché pour un amateur. Armé d'une loupe de botaniste, il plonge au fond des corolles un œil de connaisseur, il déroule une feuille pour paraître en compter les nervures. Il demande le prix de ce *jasminum azoricum.* De mon *jasmin jazor ?* répond le jardinier. A ce mot de *jasmin jazor,* consacré dans la langue des jardiniers pour *jasmin des Açores,* il fait un cri d'horreur et s'éloigne, tandis qu'un bon bourgeois, en marchandant un groseiller, s'étonne d'une science aussi profonde, et se dit tout bas qu'il donnerait bien des choses pour être aussi *savant.*

L'heure s'avançait et je quittais le marché, lorsque j'aperçus, à mes côtés, une femme qui portait, en soupirant, plusieurs couronnes

de roses blanches passées dans son bras : j'en
connus bientôt la triste destination. Cette
femme entra sous une grande porte tendue de
blanc. On venait d'y déposer un cercueil voilé
de la draperie virginale. J'entendis les san-
glots d'une femme qu'on s'efforçait d'arracher
de ce lieu funeste. « Retire-toi, lui dis-je en
» moi-même, retire-toi, mère infortunée ! ce
» n'est plus là qu'est ta fille. » On amoncela
les guirlandes et les couronnes sur les restes
glacés de la pauvre Emilie ; ce spectacle éclair-
cit un peu la nuance des sombres pensées qui
remplissaient mon ame ; et je me rappelai soudain ces vers heureux de Lemière.

Recevez donc mon hymne, ô vous fleurs du bo-
    cage,
Des belles à-la-fois la parure et l'image !
L'aiguille et le pinceau viennent vous consulter ;
Le chef-d'œuvre de l'art est de vous imiter.
. . . . . . . . . . . . . . . . . . . . . . . . .
Vous êtes des plaisirs l'emblême et l'attribut ;
L'amitié, tous les jours, vous apporte un tribut ;
Votre émail, aux autels, embellit les offrandes,
Et l'horreur du tombeau se perd sous vos guir-
    landes.

12 *

# LE JARDIN DES PLANTES.

## DEUXIÈME PROMENADE.

J'AI taché de décrire la plupart des fleurs qui décorent nos parterres et nos bosquets, mais il existe encore une foule de plantes, que leur élégance ou leur utilité rendent extrêmement intéressantes aux yeux de l'amateur éclairé; je me rendrais coupable, en ne leur offrant pas aussi l'hommage qui leur est dû. Transportons-nous donc dans ce lieu célèbre où la botanique déploie, à nos regards, tous ses trésors divers. Quel spectacle admirable ! mes yeux s'égarent au milieu de cette multitude immense de végétaux de toutes les formes et de tous les climats.... Quelle est cette belle plante dont la tige, ornée de larges feuilles,

( 139 )

et de jolies fleurs rouges, se balance avec tant de grace ? C'est la *Mauve*, précieuse par ses vertus salutaires et qui fait l'ornement de nos campagnes ; plus loin, figurent le *Cosmos*, originaire du Mexique, qui se distingue par ses longues feuilles, élégamment découpées, et par ses fleurs d'un rouge violâtre ;

L'*Alleluia*, symbole de la joie, dont les fleurs jaunes bien épanouies, nous présagent un jour serein ;

La *Badiane*, qui sert d'horloge aux Chinois ; (1)

L'*Armoise*, emblême du bonheur, couronnée de fleurs pourpres ou blanchâtres, disposées en épis ;

L'*Astragale*, dont les fleurs, d'un beau violet, se découvrent à peine au milieu du duvet qui les entoure ;

La *Brumelle*, dans la fleur de laquelle on croit voir une petite chaire à prêcher ;

_______________

(1) Ils font des espèces de sabliers avec l'écorce de cet arbrisseau pulvérisée.

La *Barbe de Jupiter*, aux feuilles argentées ;

L'*Astrance*, ainsi appellée par allusion à la forme de ses fleurs qui ressemblent à des étoiles ;

L'*Euphrasie*, qui doit son nom à des vertus salutaires ;

La *Crapaudine*, dont les fleurs, d'un blanc jaunâtre, sont tachetées comme la peau d'un crapaud et imitent une bouche entr'ouverte ;

La *Férule*, qui porte des ombelles de fleurs jaunes, et dont la tige, garnie de larges feuilles, d'un vert plombé, était jadis consacrée à Bacchus ; les buveurs s'en servaient d'habitude, parce qu'elle était assez forte pour soutenir leurs pas, et trop légère pour blesser ceux qui s'en frappaient dans la chaleur du vin.

Ailleurs, j'aperçois l'*Aristée* du Cap de Bonne-Espérance, parée de grappes de fleurs d'un beau bleu d'indigo ;

Le *Coqueret*, symbole de l'erreur, qui

porte des fleurs en forme d'étoiles et dont l'infusion, appliquée à l'extérieur, calme les sens et procure le sommeil;

La *Doronie*, dont les tiges procurent, dit-on, l'agilité, et qui offre de jolies fleurs jaunes et radiées;

La *Mercuriale*, humble végétal, qui ne produit point de fleurs, mais qui recèle des sucs précieux, semblable à l'homme de bien qui ne cherche à briller que par ses vertus;

L'*Androsace*, jolie plante, ornée de bouquets blancs, que l'on rencontre fréquemment dans les Alpes et qui, par sa fraîcheur, décore agréablement nos gazons;

La *Centaurée*, dont le Centaure Chiron, selon la mythologie, fit usage le premier;

Le *Limodore*, plante de la Chine, qui figure si bien dans nos serres chaudes, et dont les fleurs, d'un pourpre éclatant, produisent un effet aussi agréable que singulier;

La *Garance*, ornée de fleurs jaunes, qui offre la propriété de teindre en rouge tout ce qu'elle touche;

L'*Achillée*, qui s'enorgueillit d'avoir reçu son nom du grand Achille, et dont les fleurs, en corymbes, d'un jaune doré, récréent agréablement la vue;

Le modeste *Sainfoin*, que l'on cultive dans les jardins pour la gentillesse de sa fleur;

La *Ficoïde*, remarquable par la forme singulière de ses feuilles, par le goût succulent de ses fruits et par ses fleurs rouges qui durent depuis l'été jusqu'à la fin de l'automne;

La *Scabieuse*, surnommée *fleur de veuve*, dont les feuilles sont longues, larges et velues, et les fleurs composées de fleurons inégaux, d'un violet cramoisi;

Le *Mélianthe*, arbrisseau d'Ethiopie, dont les fleurs, d'un brun rougeâtre et très-insignifiantes, contiennent des sucs délicieux que les abeilles recherchent avec avidité;

L'*Ephéméride*, dont les jolies fleurs ne durent que quelques heures, mais se succèdent depuis le mois de juin jusqu'en octobre;

L'*Alysse*, plante rampante et touffue, dont les fleurs, d'un jaune d'or éclatant, brillent au mois de mai et qui se plaît dans les lieux arides et rocailleux ;

La *Coriandre*, qui fleurit au mois de juin, et dont les graines, d'abord d'une odeur insupportable, acquièrent, en mûrissant, un parfum aromatique ;

L'*Hypoxis*, originaire du Cap de Bonne-Espérance, ainsi nommée à cause de la forme aiguë de ses feuilles et de ses pétales, dont les fleurs jaunes, en dedans et verdâtres à l'extérieur, ne s'ouvrent jamais que depuis neuf heures jusqu'à deux, et demeurent fermées quand le soleil ne paraît pas.

La *Pariétaire*, qui se plaît à grimper le long des murailles, et que Constantin comparait à Trajan, dont les statues et les inscriptions se voyaient sur tous les murs de Rome ;

L'*Agave*, originaire d'Amérique, dont on fait en Suisse des haies impénétrables, et dont les fleurs odorantes paraissent au mois d'août et durent jusqu'en septembre ;

La *Bétoine*, que l'on voit fleurir, au mois de juillet, dans les lieux secs et ombragés de l'Europe, et dont les émanations agissent si fortement, lorsqu'il fait chaud, sur les personnes nerveuses ;

Le *Myrtile*, petit arbrisseau, dont les feuilles, d'un vert obscur, légèrement crénelées sur les bords, tombent à l'approche de l'hiver et qui portent des fleurs d'un rouge de brique à-peu-près semblables à des grelots ;

La *Jusquiame*, dont l'aspect a quelque chose de repoussant, et dont les qualités sont en effet très-malfaisantes, puisqu'elle jette ceux qui en mangent dans une profonde léthargie, quelquefois suivie de la mort.

Je tourne mes pas d'un autre côté, et je vois s'offrir à mes regards une multitude d'autres plantes non moins curieuses : le *Safran*, dont on a fait l'emblème de la pâleur, parce qu'on attribue, à son eau, la vertu de pâlir ceux qui s'en lavent la peau, et dont la fleur, disposée comme celle du lys, mais plus petite, et d'un bleu mêlé de rouge purpurin, exhale une odeur agréable ;

Le *Colchique*, plante bulbeuse, qui nous vient de la Colchide, où elle se plaît dans les prairies humides : dont les jolies fleurs, couleur de chair, paraissent à la fin de l'automne au moment où toutes les autres périssent, et semblent braver les rigueurs de l'hiver ;

La *Tigridie*, autre plante bulbeuse, fort remarquable, qui porte ordinairement trois fleurs aussi singulières par leur couleur que par leur forme, qui s'ouvrent à quelques jours les unes des autres, et ne durent guère chacune que huit à dix heures ;

La *Quintefeuille*, délicate et svelte, dont les feuilles, d'un vert foncé, ressemblent à un éventail, et la nuit, dans les temps pluvieux, se rapprochent, se penchent sur la fleur, petite, jolie, composée d'une corolle dorée, et lui offrent de la sorte un abri ;

L'*Hémérocalle*, belle plante originaire de la Chine, dont les fleurs ne durent qu'un jour, mais se renouvellent pendant plusieurs mois;

Le *Millepertuis*, que l'on cultive fréquemment dans nos jardins pour ses vertus médicinales; dont on a fait le symbole de l'oubli, parce que, dans la Tartarie Chinoise, où les liqueurs fortes sont inconnues, on se plaît à chercher l'oubli des maux dans une infusion de cette plante qui produit l'effet d'un narcotique;

Le *Lupin*, qui se trouve dans le midi de la France, dont les anciens mangeaient les graines;

La *Salicaire*, que l'on cultive peu, bien qu'elle pourrait produire un superbe effet, sur-tout au bord des pièces d'eau, par ses beaux épis, dont le port est gracieux et la couleur brillante;

La *Pomme d'amour*, dont les tiges sont garnies de feuilles dentelées, et dont on a fait l'emblême de la discorde, par allusion au fameux jugement de Pâris;

L'*Enothère*, qui nous vient de la Virginie,

dont les fleurs, qui commencent à s'épanouir
en juillet, se font remarquer par leur éclat et
leur parfum, mais qui ne durent qu'un jour ;

Le *Passevelours*, belle plante, originaire de
l'Inde, dont les amateurs conservent les fleurs
en les faisant sécher au four, et en les trem-
pant ensuite dans l'eau tiède ;

Le *Tussilage*, que l'on nomme aussi *pas
d'âne*, plante indigène en France, qui a cela
de particulier, que ses fleurs paraissent avant
ses feuilles ;

Le *Cytise*, bel arbrisseau, dont les rameaux nombreux se parent, au mois de juin,
d'une multitude de bouquets jaunes, d'un effet très-agréable, et que les poètes ont ingénieusement comparé à un cœur magnanime
qui résiste, avec courage, à l'adversité, parce
que son courage dure fort long-temps ;

Le *Balisier* ou canne d'Inde, que l'on re-
connaît aisément à ses feuilles alternes d'une
très-grande dimension, à ses tiges élevées, terminées par un charmant épi de fleurs jaunes et
d'un bel écarlate.

La *Vipérine* ou *Serpentaire*, jolie plante d'Europe, ainsi nommée parce que ses semences ont la forme d'une tête de vipère, et qu'il faut éviter de toucher, parce que ses tiges sont chargées de poils qui causent des démangeaisons cuisantes;

La *Spirée*, qui comprend une multitude d'espèces, toutes jolies et faciles à cultiver, et que l'on recherche, dans les jardins, à cause de la beauté de ses fleurs blanches et nombreuses, qui naissent au commencement de l'été;

La *Cameline*, qui fournit une huile d'un grand usage dans les arts;

Le *Plantin*, très-commun en France, et dont on a fait l'emblème de la duperie, parce que beaucoup de gens ont cru qu'il offrait un remède efficace contre la rage, ou qu'il était fort salutaire à la vue, bien qu'il n'en soit rien;

Le *Momardique*, originaire des provinces méridionales de la France, que l'on cultive par curiosité, parce que ses fruits renferment

une substance visqueuse qu'ils lancent lorsqu'ils sont mûrs;

La *Stromoine*, plante d'un aspect agréable,
mais dont les sucs sont un poison dangereux,
et qui répand, lorsqu'on la froisse entre les
doigts, une odeur forte, capable de donner
des vertiges;

L'*Amourette*, emblême de la frivolité,
qu'on appelle aussi *brise tremblante*, et qui
se plaît dans les terrains secs;

Le *Gattilier*, dont les fleurs sont violettes,
rouges, blanches ou d'un gris de lin, et sur
les feuilles duquel les dames d'Athènes avaient
coutume de se coucher pendant la célébration
des mystères de Cérès, croyant, par là, se pu-
rifier et se rendre plus agréables à la Déesse;
on en faisait aussi l'attribut de Cérès, parce que
les habitans de Samos prétendaient qu'elle
était née sous cette plante.

Je poursuis toujours ma promenade : bientôt
je rencontre un *sureau* chargé de bouquets
blanchâtres qui se balancent avec grace : cet

arbrisseau est, dit-on, le symbole des contrastes ; et, en effet, ses fleurs sont blanches tandis que ses feuilles sont presque noires ; les unes embaument l'air, et les autres répandent une odeur fort désagréable. J'admire ensuite, tour-à-tour, le *Kalmia*, cette belle plante de l'Amérique, qui s'élève jusqu'à douze pieds de hauteur, et dont les fleurs sont d'un pourpre éblouissant ;

Le *Méléagre*, dont la fleur ressemble à une belle tulipe renversée, dont on a fait le symbole du feu, en mémoire du célèbre Méléagre qui fut métamorphosé en cette fleur ;

Le *Cyclame*, qui croît naturellement dans les forêts ombragées du midi de la France ; qui se distingue par ses feuilles découpées en forme de cœur, par ses petites fleurs blanches ou purpurines, simples ou doubles, toujours tournées vers la terre et auquel on a donné, en quelques endroits, le nom de *Pain de Pourceau*, parce que cet animal en est, en effet, très-friand ;

*L'Utriculaire*, qui naît dans les marais et qui, libre dans les eaux, avance avec le courant, à l'aide d'une espèce de petite outre qui la soutient et à laquelle elle doit son nom ;

Le *Sanseveria*, dont les fleurs, tantôt blanches, tantôt rosâtres, et quelquefois d'un rouge de chair fort agréable, exhalent une odeur suave et durent jusqu'à la fin de l'automne ;

La *Coquelourde*, jolie plante, que l'on rencontre fréquemment en Suisse et en Italie, et dont les fleurs, semblables à de petits œillets, fleurissent, en grand nombre, pendant tout l'été ;

L'*Ixia*, du Cap de Bonne-Espérance, ainsi appelée parce que la forme de ses fleurs rappelle le souvenir de la roue d'*Ixion* ;

L'*Hièble*, aux rameaux touffus, qui se plaît dans les fossés et qui porte des bouquets arrondis de fleurs blanches, délicieusement parfumées ;

La *Gaillarde*, originaire de l'Amérique

septentrionale, qui doit son nom au célèbre Gaillard, et dont les feuilles sont d'un vert gris, tandis que ses fleurs, que nous voyons au printemps et quelquefois en automne, brillent de l'orangé le plus vif;

La *Lychnide* de Chalcédoine, vulgairement appelée *croix de Jérusalem*, que l'on cultive dans les jardins, pour la couleur brillante de ses fleurs, et dont la corolle a servi de type à la croix de Malte;

L'*Adoxa*, qui vient naturellement en France, et ne se fait guère remarquer que par une légère odeur de musc;

La *Cupidone*, qui habite les parties stériles et montagneuses de la Provence et que les Grecs ont appelée de la sorte, parce qu'ils lui attribuaient la vertu d'inspirer de l'amour;

L'*Ipomea pourpré* ou *Volubilis*, qui s'élève, avec élégance, autour des appuis qu'on lui prête; et dont les fleurs, pleines de légèreté, se succèdent depuis le mois de juin jusqu'au commencement de l'automne;

La *Saponaire*, dont les tiges sont couvertes d'un feuillage épais, et dont les fleurs, blanches ou d'un rose tendre, ressemblent assez à l'œillet commun ;

La *Clandestine*, plante parasite, dont les fleurs seules sont apparentes, et dont les feuilles se trouvent presque toujours cachées, sous la mousse, dans les lieux froids et humides de la France ;

Le *Myosotis*, dont les petites fleurs bleues décorent, tout l'été, les prairies et les marécages, et dont on fait le symbole de l'amitié, parce qu'il se conserve comme la pensée ;

La *Cypride*, dont le nom grec signifie *pied de Vénus*, attendu que sa fleur imite assez bien la forme d'une chaussure, et dont les fleurs, d'un brun pourpre, remarquables par leur odeur de fleur d'orange, se rencontrent, à chaque pas, dans les forêts montueuses du Dauphiné ;

La *Parnassie*, petite plante, ornée de jolies fleurs blanches tachetées de jaune, que les anciens nommèrent ainsi, parce qu'ils l'avaient trouvée, dit-on, au pied du mont Parnasse ;

La *Morée*, qui se trouve à la Chine, au Cap, dans le Brésil, et dans plusieurs contrées de l'Orient ; dont les racines et les feuilles ressemblent à celles de l'iris, et dont les fleurs, faites comme celles du lis, sont petites, d'un jaune pourpré, et si délicates qu'elles ne durent que six ou huit heures ;

Le *Muscari*, espèce de jacinthe du Levant, dont les fleurs, d'un jaune violàtre, groupées en épis gracieux, répandent une odeur de musc ;

L'*OEil-de-Paon*, autre espèce d'iris, qui produit des fleurs d'un blanc de lait pur, ornées d'une tache bleue, bordées de noir velouté, qui les fait ressembler à l'œil qu'on voit sur les plumes du paon ;

Le *Guittarin*, dont les feuilles, semblables à celles du laurier, sont marquées de larges traces blanches qui imitent les cordes d'une

guitare, et dont on a fait, par cette raison,
l'emblême de la mélodie ;

La *Canarine*, originaire des Canaries,
comme l'indique son nom, dont les feuilles,
d'un vert glauque, sont découpées en cœur,
et dont les fleurs jaunes, en forme de cloches
élégantes, ne s'épanouissent qu'au mois de
décembre, mais durent pendant tout l'hiver ;

Le *Lachenale*, plante bulbeuse du Cap
de Bonne-Espérance, qui tire son nom d'un
botaniste de Bâle, appelé Lachenale, et dont
les fleurs odorantes, disposées en longues
grappes d'un beau jaune citron, sont bordées,
en dehors, de vert foncé, et dans l'intérieur,
d'un liseré du plus beau rouge safrané ;

Le *Mogorie*, dont les fleurs décorent, presque toute l'année, nos jardins, et servent de
parure aux femmes de l'Inde, qui se parfument
aussi avec une essence que l'on en tire, et
dont la douce odeur approche de celle du
muguet et de la fleur d'orange ;

Le *Ciste*, emblême de la jalousie, indigène

des parties méridionales de l'Europe, et dont les étamines sont si irritables qu'on les voit s'agiter souvent, sans qu'on en puisse deviner la cause ;

L'*Aneth*, qui croît dans le midi; dont les Romains tressaient les couronnes pour se parer dans les festins ; que les gladiateurs mêlaient à leur nourriture, croyant augmenter, par-là, leur vigueur ;

Le *Flouve*, qui naît parmi les foins, et dont l'odeur passait jadis pour pestilentielle ;

Le *Liciet*, arbrisseau d'Europe, dont les fleurs charmantes produisent l'effet le plus agréable parmi les haies.

Plus loin je remarque l'*Hémanthe*, plante bulbeuse qui nous vient d'Afrique, et dont les feuilles forment un faisceau du milieu duquel s'élève, avec grace, une tige couronnée d'une ombelle de vingt-cinq belles fleurs d'un rouge foncé ;

Le *Pancrais*, qui croît également dans l'Illyrie et à la Jamaïque; dont les belles fleurs, en ombelles odorantes, ressemblent beaucoup à celles du narcisse ;

Enfin, la *Pluie d'or*, dont les fleurs rappellent l'ingénieuse fiction des poètes de l'antiquité, qui rapporte que Jupiter se transforma en pluie d'or pour s'introduire auprès de Danaë.

Que de trésors pour l'amateur avide ! Que de richesses l'aspect enchanteur de ce mélange éclatant de fleurs, d'arbustes, de plantes, étale à ses yeux ! Qu'est-ce que la splendeur des Cours ! Qu'est-ce que le luxe des Palais auprès du luxe autrement enivrant des parterres, auprès de la simple majesté de la nature ?

# POÉTIQUE

## DU PARTERRE DE FLORE.

### MON PETIT PARTERRE.

PETIT clos où, parmi mes fleurs,
Je vois un bouquet pour Lisette,
Dont je sens les douces odeurs,
D'où j'entends chanter la fauvette,
Charme mes yeux par tes couleurs.
Déjà me rit la *Violette*,
Beauté simple et vive et discrette :
La Vallière lui ressemblait ;
Comme elle, humble et douce elle était,
Point fière, point ambitieuse,
Sans art, sans bruit, sans faste heureuse...
C'était pour aimer qu'elle aimait.

Avec ta houpe fastueuse,
Toi, *Pavot* dangereux, va-t-en;
Porte ailleurs ta tète orgueilleuse,
Tu me rappelles Montespan.
Et toi, gentille *Marguerite*,
Te voilà, montre-moi, petite,
Tes points d'or, tes lames d'argent!
O vous que mon œil diligent,
Dès le matin, vient voir éclore,
*Lis* si pur, si frais, si brillant
Des feux et des pleurs de l'aurore;
Et toi, *Rose*, ou fleur de l'amant,
Que Vénus, de son teint charmant,
De son souffle embaume et colore,
Pour moi croissez, vivez encore;
Nous n'avons tous deux qu'un moment.

DUCIS.

# LA CORBEILLE DE FLEURS,

Air : *Jupiter, prête-moi ta foudre.*

**PAR** un mystérieux langage
Ces fleurs t'apprennent mon amour;
Eglé, je t'en offre l'image
Dans ce *Lis*, pur comme un beau jour.

Cette *Violette* naissante
T'exprime ma timide ardeur,
Et la *Grenade* éblouissante,
Les feux qui consument mon cœur.

L'*Immortelle* peint ma constance;
La *Jonquille*, tous mes ennuis;
Le *Myrte*, ma douce espérance;
Et le *Souci*, tous mes soucis.

Reine des fleurs, suave *Rose*,
Heureux symbole du plaisir,
Parle pour moi : ma bouche n'ose
Exprimer le moindre désir.

*Rose*, sur le sein de ma belle
Brille à mon regard enchanté,
Et sois le présage fidèle
De ma douce félicité.

CISSEY.

~~~~~~~~~~~~~~~~~~~~~~~~~~~~~~~~~~~~~~~~~~~~~~~~~~~

# LES FLEURS.

Air : *Des caresses.*

SUIS-JE dans un joli jardin,
J'en parcours toujours le parterre ;
Et dans les fleurs je crois, soudain ,
Distinguer chaque caractère ;
Dans la *Violette*, je vois
La séduisante modestie ;
L'*Immortelle* m'offre, à-la-fois ,
Et les vertus, et le génie.

Dans le *Muguet*, je vois un fat,
Dans le *Serpolet*, la franchise ;

<div align="right">14 *</div>
~~~~~~~~~~~~~~~~~~~~~~~~~~~~~~~~~~~~~~~~~~~~~~~~~~~

La *Tulipe*, avec son éclat,
M'offre l'orgueil et la sottise;
Le *Lis* présente la grandeur;
L'*Amaranthe*, l'indifférence;
*Rose blanche*, dans sa fraîcheur,
Est l'image de l'innocence.

Le *Pavot* nous peint le pouvoir
Que, sur nos sens, a maint ouvrage;
Dans le *Narcisse*, je crois voir
Un sot épris de son visage;
Dans le *Souci*, je reconnais
L'époux d'une femme infidèle;
Dans une *Rose*, les attraits
Qu'on admire dans une belle.

Le *Myrte*, chéri des amours,
Nous représente leur puissance;
Et le *Lierre*, amoureux toujours,
Donne des leçons de constance.
Si je m'arrête au fond d'un bois,
Avec Iris sur la fougère,

La *Fougère* m'offre à-la-fois
Mon lit, ma bouteille et mon verre.

Puis-je rencontrer des *Lauriers*,
Sans m'arrêter et reconnaître
Ces jeunes et vaillans guerriers
Que l'heureuse France a vu naître !
Si je vois l'*Olivier* fleurir,
Sur-tout après un long orage,
Je dis : la paix va revenir,
La paix est le prix du courage.

P. Ledoux.

## LE LANGAGE DES FLEURS.

Air : *C'est à mon maître en l'art de plaire.*

Flore n'est point embarrassée,
Quand la beauté lui fait la cour;
Adèle choisit la *Pensée*,
Pour exprimer son tendre amour;
De Malvina, modeste et sage,

L'humble *Violette* est la fleur ;
Et Zulima, triste et sauvage,
Du *Souci* porte la couleur.

L'inconstante et folle Rosine
Prend les nuances de l'*Iris ;*
La sensible et douce Delphine
Préfère le bel *Adonis ;*
Auprès d'une tige de *Lierre,*
On voit la fidèle Nina ;
Et sur un tapis de *Fougère*
Repose la tendre Zulma.

Ainsi, dans cette galerie,
Chaque belle offrant un bouquet,
Maint savant peut passer sa vie
A méditer chaque sujet,
Heureux l'aimable botaniste
Qui sait jouir de ces douceurs !
Pour un galant naturaliste
Toutes les femmes sont des fleurs.

A. DEVILLE.

# L'HYACINTHE.

Air : *Femmes, voulez-vous éprouver.*

GOUTANT le fruit de mes travaux,
Je trouve en mon joli parterre
Plus que les *Myrtes* de Paphos,
Plus que les roses de Cythère ;
Cent beautés composent ma Cour,
Et chacune aspire à me plaire ;
Mais *Hyacinthe* a mon amour :
Seule à toutes je la préfère.

L'*Hyacinthe* brille à mes yeux
Des couleurs les mieux assorties ;
Et son abandon gracieux
M'offre ses formes arrondies ;
Des mains de Flore elle a reçu
Le parfum de la *Violette* ;
Et, belle comme la vertu,
Elle plaît sans être coquette.

Si l'*Anémone*, à ses appas,
Joint l'éclat de son origine,
Celle d'*Hyacinthe* n'est pas
Ou moins ancienne, ou moins divine.
La *Tulipe*, avec majesté,
S'élève et plaît par sa richesse;
Mais, plus modeste en sa beauté,
L'*Hyacinthe* a plus de noblesse.

Quelle rivale entre les fleurs
Le lui disputerait encore ?
La *Jonquille*, aux tristes couleurs,
Ou la *Renoncule* inodore ?
La *Rose*.... mais à son amant
La *Rose* fait sentir ses armes,
Tandis qu'*Hyacinthe*, au méchant,
Ne sait opposer que des larmes.

Faut-il, hélas! que le bonheur
Passe comme une ombre légère,
Et que la plus charmante fleur
N'ait qu'une existence éphémère ?

Belle *Hyacinthe*, je te vois,
Et déjà je crains ton absence;
Je vais soupirer onze mois
Après un mois de jouissance.

## LA VIOLETTE.

Air : *Corneille nous fait ses adieux,*

Le souffle amoureux du zéphir,
Caressant la nouvelle herbette,
Déjà commence d'entr'ouvrir
L'humble et timide *Violette*.
Aimable fille du printemps,
Prémice de la tendre Flore,
Laisses cueillir tes brins charmans,
Que son sourire a fait éclore.

Quelle suave et douce odeur!
C'est le parfum de l'ambroisie;
Symbole heureux de la pudeur,
Tu ravis par ta modestie!

Au fond de nos simples bosquets
Se cache ta tige secrète ;
La *Rose* étale plus d'attraits,
Mais la Rose est fière et coquette.

Pour prix de tes appas touchans,
Viens briller sur le sein d'Elmire,
Entre deux boutons séduisans,
De l'amour partages l'empire ;
Je n'oserais, sous son lacet,
Te glisser, ô fleur fortunée !
Ma main, qu'attirait son corset,
Par le respect est enchaînée.

Elmire, accordes quelque prix
A ma légère chansonnette :
Qu'elle obtienne avec un souris
Une place sur ta toilette.
Quand le printemps, de cent couleurs
Peindra la riante nature,
J'ornerai des plus belles fleurs
Les tresses de ta chevelure.

DE LORIÉS.

# L'HORTENSIA.

Air : *Quand l'Amour naquit à Cythère.*

DOUCE conquête de la France
Et de la Rose aimable sœur,
Sous le zéphyr qui la balance
Chacun admire cette fleur ;
Pour la France, qui la cultive,
Elle oublie ici le Japon ;
De la beauté, fille adoptive,
Hortense lui donna son nom.

J'aime à la voir fraîche et tremblante,
S'offrir en globes arrondis,
Dont la nuance séduisante
Unit la *Rose* avec le *Lis ;*
Sa couleur, qui toujours varie,
Semble, à nos yeux, la rajeunir ;
Et toujours, par coquetterie,
Elle change pour embellir.

Cette fleur est ainsi l'image
D'un sexe léger, mais charmant ;
Plaire toujours est son partage,
Quoiqu'il aime le changement ;
Par un tendre et doux artifice
Il fait renaître le désir ;
Et souvent un nouveau caprice
Nous promet un nouveau plaisir.

# L'ŒILLET.

*Air connu.*

Doris, au lever de l'aurore,
Dans son jardin se promenait ;
Un Œillet qui venait d'éclore
Sur les autres y dominait :
Elle penche son beau visage
Tout près de la fleur incarnat,
Mais soudain, par ce voisinage
La fleur voit ternir son éclat.

De la fleur qu'à peine elle touche
S'exhale un parfum enivrant ;
L'Œillet semble baiser sa bouche ;
Et je me dis en soupirant :
Pour prix de tant de soins fidèles ,
Pour la punir de sa froideur ,
Ah ! que mes lèvres ne sont-elles
A la place de cette fleur !

Doris s'éloigne.... Je m'élance ,
Je baise l'Œillet enchanteur ;
J'allais le cueillir.... je balance.
Eh ! pourquoi ravir cette fleur ?
Doris, au lever de l'aurore ,
Viendra la respirer demain ;
Pour y prendre un baiser encore ,
Je reviendrai demain matin.     BARRÉ.

## LE SOUCI.

### ROMANCE.

AMANT des ruisseaux ombragés ,
Toi que chérit la jeune aurore,

Parais à mes yeux enchantés,
Tout embelli des dons de Flore.

Parais tel, qu'en ses ornemens
Brille la timide bergère,
Comme elle, je t'aime en tous temps :
Comme elle tu sais toujours plaire.

Tu plais, car Chloris, au matin,
Vient te cueillir pour sa corbeille ;
Tu plais, car les fleurs de ton sein
Enrichissent l'active abeille.

Heureux dans ta simplicité,
Tu fuis le faste de la ville ;
Heureux de ton obscurité,
Humble Souci, tu vis tranquille.

~~~~~~~~~~~~~~~~~~~~~~~~~~~~~~~~

## LA BOUQUETIÈRE.

Air : *au sein d'une fleur tour-à-tour.*

J'AI des bouquets pour tous les goûts ;
Venez choisir dans ma corbeille :
~~~~~~~~~~~~~~~~~~~~~~~~~~~~~~~~

( 173 )

De plusieurs les parfums sont doux ;
De tous, la vertu sans pareille.
J'ai des *soucis*, pour les jaloux ;
La *rose*, pour l'amant fidèle ;
De l'*ellébore*, pour les fous ;
Et pour l'amitié, l'*immortelle*.

J'offre la *pensée* aux auteurs ;
( Les leurs, bien souvent sont si fades. )
Des *tournesols*, aux vils flatteurs ;
A tous nos braves, des *grenades*.
Pour les argus, j'ai des *pavots*,
Et pour les enfans, des *clochettes* ;
J'offre des *œillets d'inde* aux sots ;
De la *fleur d'orange*, aux coquettes.

Pour l'homme timide et discret
J'ai la modeste *violette* ;
J'ai le *narcisse* et le *muguet*,
Pour le fat et pour la coquette.
J'offre le *myrte* aux vrais amans ;
Aux maris jaloux, des *jonquilles* ;

Des *mignardises*, aux mamans ;
Et du *thym* frais, aux vieilles filles.

Je réserve pour la pudeur
La délicate *sensitive* ;
L'*oreille d'ours* à la laideur ;
Des *simples*, à l'agnès naïve ;
A la veuve dans les regrets
Mes *scabieuses* doivent plaire ;
J'ai des couronnes de *bluets*
Pour la jeune et fraîche bergère.

J'offre aux filles à marier
L'*iris*, emblême d'espérance ;
A tous nos héros, le *laurier* ;
Les *boutons d'or*, à l'opulence ;
Les *tulipes*, à la fierté ;
Aux malheureux, la *patience* ;
La fleur d'*hortense*, à la beauté ;
Et tous nos *lis*, à l'innocence.

MALŒUVRE.

# TABLE.

FIN DE LA TABLE.

# CALENDRIER

## POUR L'AN 1820.

## ARTICLES DU CALENDRIER.

De la création du monde. . . . . . . . . 5820.
Année de la période Julienne. . . . . . 6533.
   —depuis la première Olympiade. . . 2594.
   — de l'époque de Nabonassar . . . . . 2567.
   — de la fondation de Rome, selon Varron. 2573.
   —de la naissance de Jésus-Christ. . . 1820.

## ÉCLIPSES.

*Il y aura quatre Eclipses, deux de Soleil et
deux de Lune.*

Le 14 mars, éclipse de soleil, invisible à Paris.
Le 29 mars, éclipse partielle de lune, visible
   en partie à Paris.
Commencement avant le lever de la lune, à 5
   heures 26 m. du soir.
Milieu à 6 h. 47 m. Fin à 8 h. 8 m.
Le 7 septembre , éclipse de soleil, visible à
   Paris.
Commencement à o h. 47 m. du s.
Milieu à 2 h. 11 m. Fin à 3 h. 35 m.
Le 22 septembre, éclipse partielle de lune, en
   partie visible à Paris.
Commencement à 5 h. 23 m. du matin.
Milieu à 6 h. 51 m. Fin à 8 h. 20 m.

# COMPUT ECCLÉSIASTIQUE.

Nombre d'Or. . . . . . . . . . . . . . .  16
Epacte . . . . . . . . . . . . . . . . .  XV
Cycle solaire. . . . . . . . . . . . . .  9
Indiction romaine. . . . . . . . . . . .  8
Lettres dominicales . . . . . . . . . .  B. A.

## QUATRE-TEMPS.

Les 23, 25 et 26 février.
Les 24, 26 et 27 mai.
Les 20, 22 et 23 septembre.
Les 20, 22 et 23 décembre.

## FÊTES MOBILES.

SEPTUAGÉSIME . . 3o janvier.
LES CENDRES . . . 16 février.
PASQUES . . . . . . 2 avril.
LES ROGATIONS . . 8 mai.
L'ASCENSION. . . . 11 mai.
PENTECOTE . . . . 21 mai.
FÊTE-DIEU. . . . . 1 juin.
L'AVENT. . . . . . 3 décembre.

## SAISONS.

Le printemps commencera le 20 mars, à 4 h. 27 min. du soir.

L'été commencera le 21 juin, à 1 heure 53 min. du soir.

L'automne commencera le 23 septembre, à 3 heures 7 min. du matin.

L'hiver commencera le 22 décembre, à 2 h. 37 min. du matin.

<table>
<tr><td>

**JANVIER** 1820.

*D. Q. le 8, à 4 h. du s.*
*N. L. le 15, à 5 h. du s.*
*P. Q. le 22, à 8 h. du m.*
*P. L. le 30, à 5 h. du m.*

| | | |
|---|---|---|
| same | 1 | LA CIRCONC. |
| D. | 2 | s. Bazile, év. |
| lundi | 3 | *ste. Geneviève.* |
| mard | 4 | s. Rigobert. |
| merc | 5 | s. Siméon. |
| jeudi | 6 | L'EPIPHANIE. |
| vend | 7 | s. Théau, orf. |
| same | 8 | s. Lucien, év. |
| 1 D. | 9 | s. Furcy, ab. |
| lundi | 10 | s. Paul, her. |
| mard | 11 | s. Théodose. |
| merc | 12 | s. Arcade, m. |
| jeudi | 13 | Bapt. de N. S. |
| vend | 14 | s. Hilaire, év. |
| same | 15 | s. Maur, ab. |
| 2 D. | 16 | s. Guillaume. |
| lundi | 17 | s. Antoine, ab. |
| mard | 18 | Ch. s. P. à R. |
| merc | 19 | s. Sulpice, év. |
| jeudi | 20 | s. Sébastien. |
| vend | 21 | ste. Agnès, v. m. |
| same | 22 | s. Vincent, m. |
| 3 D. | 23 | s. Ildefonce. |
| lundi | 24 | s. Babylas, év. |
| mard | 25 | Conv. s. Paul. |
| merc | 26 | ste. Paule, v. |
| jeudi | 27 | s. Julien, év. |
| vend | 28 | s. Charlemag. |
| same | 29 | s. Franç. de S. |
| D. | 30 | *Septuagésime* |
| lundi | 31 | s. Pierre Nol. |

</td><td>

**FÉVRIER.**

*D. Q. le 7, à 9 h. du m.*
*N. L. le 14, à 3 h. du m.*
*P. Q. le 20, à 10 h. du s.*
*P. L. le 29, à 1 h. du m.*

| | | |
|---|---|---|
| mard | 1 | s. Ignace. |
| merc | 2 | Prés. de N. S. |
| jeudi | 3 | s. Blaise, m. |
| vend | 4 | s. Philéas. |
| same | 5 | ste. Agathe. |
| D. | 6 | *Sexagésime.* |
| lundi | 7 | s. Romuald. |
| mard | 8 | s. Jean de M. |
| merc | 9 | s. Apolline. |
| jeudi | 10 | ste. Scholastiq. |
| vend | 11 | s. Severin, ab. |
| same | 12 | ste. Eulalie. |
| D. | 13 | *Quinquagés.* |
| lundi | 14 | s. Valentin. |
| mard | 15 | s. Faustin. |
| merc | 16 | *Les Cendres.* |
| jeudi | 17 | s. Silvain. |
| vend | 18 | Les 5 Plaies. |
| same | 19 | s. Gabin, m. |
| 1 D. | 20 | *Quadragésim.* |
| lundi | 21 | s. Pepin. |
| mard | 22 | ste. Isabelle. |
| merc | 23 | s. Damien. 4 *T.* |
| jeudi | 24 | s. Prétextat. |
| vend | 25 | s. Mathias. |
| same | 26 | s. Porphire. |
| 2 D. | 27 | *Reminiscere.* |
| lundi | 28 | ste. Honorine. |
| mard | 29 | s. Romain. |

Epacte. . . . . . . XV.
Lettres Dominic. B. A.

</td></tr>
</table>

| **MARS.** | **AVRIL.** |
|---|---|
| *D. Q. le* 7, *à* 10 *h. du s.* | *D. Q. le* 6, *à* 7 *h. du m.* |
| *N. L. le* 14, *à* 1 *h. du s.* | *N. L. le* 12, *à* 11 *h. du s.* |
| *P. Q. le* 21, *à* 2 *h. du s.* | *P. Q. le* 20, *à* 7 *h. du m.* |
| *P. L. le* 29, *à* 25 *m. du s.* | *P. L. le* 28, *à* 10 *h. du m.* |

| | | | |
|---|---|---|---|
| merc | 1 | s. Aubin, év. | |
| jeudi | 2 | s. Simplice, p. | |
| vend | 3 | sᵉ. Cunegonde. | |
| same | 4 | s. Casimir. | |
| 3 D. | 5 | *Oculi.* | |
| lundi | 6 | ste. Colette. | |
| mard | 7 | ste. Perpétue. | |
| merc | 8 | s. Jean de D. | |
| jeudi | 9 | ste. Françoise. | |
| vend | 10 | ste. Droctovée. | |
| same | 11 | Les 40 martyrs | |
| 4 D. | 12 | *Lœtare.* | |
| lundi | 13 | ste. Euphrasie. | |
| mard | 14 | s. Lubin, év. | |
| merc | 15 | s. Zacharie. | |
| jeudi | 16 | s. Cyriaque. | |
| vend | 17 | ste. Gertrude. | |
| same | 18 | s. Cyrille, év. | |
| 5 D. | 19 | *La Passion.* | |
| lundi | 20 | s. Joachim. | |
| mard | 21 | s. Benoît, ab. | |
| merc | 22 | s. Aprodise. | |
| jeudi | 23 | s. Eusèbe, év. | |
| vend | 24 | La Compass. | |
| same | 25 | ANNONCIAT. | |
| 6 D. | 26 | *Les Rameaux* | |
| lundi | 27 | s. Rupert, év. | |
| mard | 28 | s. Gontran. | |
| merc | 29 | s. Eustase. | |
| jeudi | 30 | s. Rieul, év. | |
| vend | 31 | *Vendr.-Saint.* | |

**AVRIL.**

| | | |
|---|---|---|
| same | 1 | s. Hugues, év. |
| D. | 2 | PASQUES. |
| lundi | 3 | s. Richard, é. |
| mard | 4 | s. Ambroise, é. |
| merc | 5 | s. Zenon, m. |
| jeudi | 6 | s. Prudence. |
| vend | 7 | s. Hégésipe. |
| same | 8 | s. Perpet. |
| 1 D. | 9 | *Quasimodo.* |
| lundi | 10 | s. Onésime. |
| mard | 11 | s. Léon, pap. |
| merc | 12 | s. Jules, pape. |
| jeudi | 13 | s. Marcellin. |
| vend | 14 | s. Tiburce. |
| same | 15 | s. Paterne. |
| 2 D. | 16 | s. Fructueux. |
| lundi | 17 | s. Anicet, pap. |
| mard | 18 | s. Parfait, p. |
| merc | 19 | s. Elphège. |
| jeudi | 20 | s. Hildegonde. |
| vend | 21 | s. Anselme. |
| same | 22 | sᵗᵉ. Opportune |
| 3 D. | 23 | s. Georges, m. |
| lundi | 24 | sᵗᵉ. Beuve. |
| mard | 25 | s. Marc, év. |
| merc | 26 | s. Clet, pap. |
| jeudi | 27 | s. Polycarpe. |
| vend | 28 | s. Vital, m. |
| same | 29 | s. Robert. |
| 4 D. | 30 | s. Eutrope. |

| MAI. | JUIN. |
|---|---|
| *D. Q. le 3, à 1 h. du s.* | *D. Q. le 3, à 6 h. du s.* |
| *N. L. le 12, à 9 h. du m.* | *N. L. le 10, à 7 h. du s.* |
| *P. Q. le 20, à 1 h. du m.* | *P. Q. le 18, à 7 h. du s.* |
| *P. L. le 27, à 9 h. du s.* | *P. L. le 26, à 7 h. du m.* |

| MAI. | JUIN. |
|---|---|
| lundi 1 s. Jacq. s. Phil. | jeudi 1 FÊTE-DIEU. |
| mard 2 s. Athanase. | vend 2 s. Pamphile. |
| merc 3 Invent. s<sup>te</sup>. Cr. | same 3 s<sup>te</sup>. Clotilde. |
| jeudi 4 s<sup>te</sup>. Monique. | 2 D. 4 s. Quirin, m. |
| vend 5 Conv. s. Aug. | lundi 5 s. Boniface. |
| same 6 s. Jean P. L. | mard 6 s. Claude. |
| 5 D. 7 s. Stanislas. | merc 7 s. Paul de C. |
| lundi 8 *les Rogations.* | jeudi 8 *Oct. Fête-D.* |
| mard 9 s. Grégoire. | vend 9 s. Prime. |
| merc 10 s. Gordien. | same 10 s. Landry. |
| jeudi 11 ASCENSION. | 3 D. 11 s. Barnabé. |
| vend 12 s. Epiphane. | lundi 12 s. Justin. |
| same 13 s. Servais. | mard 13 s. Antoine d. P. |
| 6 D. 14 s. Boniface. | merc 14 s. Basile. |
| lundi 15 s. Isidore. | jeudi 15 s. Guy, m. |
| mard 16 s. Honoré, év. | vend 16 s. Fargeau. |
| merc 17 s. Paschal. | same 17 s. Avit, ab. |
| jeudi 18 s. Eric, roi. | 4 D. 18 s<sup>te</sup>. Marine. |
| vend 19 s. Célestin, p. | lundi 19 s. Gervais s. P. |
| same 20 s. Bernardin *jv.* | mard 20 s. Silvère. |
| D. 21 PENTECOT. | merc 21 s. Leufroy, ab. |
| lundi 22 s<sup>te</sup>. Julie, v. | jeudi 22 s. Paulin, év. |
| mard 23 s. Didier, év. | vend 23 s. Félix, m. |
| merc 24 s. Donat. 4 *T.* | same 24 *s. Jean-Bapt.* |
| jeudi 25 s. Urbain, p. | 5 D. 25 s. Prosper. |
| vend 26 s. Philip. de N. | lundi 26 s. Babolein. |
| same 27 s. Hildevert. | mard 27 s. Crescent. |
| 1 D. 28 *La Trinité.* | merc 28 s. Irenée, év. |
| lundi 29 s. Maximin. | jeudi 29 *ss. Pierre et P.* |
| mard 30 s. Hubert. | vend 30 Comm. s. Paul. |
| merc 31 s<sup>te</sup>. Pétronille. | |

| JUILLET. | AOUT. |
|---|---|
| *D. Q. le 2, à 11 h. du s.* | *D. Q. le 1, à 6 h. du m.* |
| *N. L. le 10, à 7 h. du m.* | *N. L. le 8, à 9 h. du s.* |
| *P. Q. le 18, à 11 h. du m.* | *P. Q. le 17, à 2 h. du m.* |
| *P. L. le 25, à 3 h. du s.* | *P. L. le 23, à 10 h. du s.* |
| | *D. Q. le 30, à 2 h. du s.* |
| same 1 s. Martial. | mard 1 s<sup>e</sup>. Sophie. |
| 6 D. 2 Visit. de la V. | merc 2 s. Etienne, p. |
| lundi 3 s. Anatole, év. | jeudi 3 Inv. s. Etienn. |
| mard 4 Tr. s. Martin. | vend 4 s. Dominique. |
| merc 5 s<sup>te</sup>. Zoé, m. | same 5 s. Yon, m. |
| jeudi 6 s. Tranquillin. | 11 D. 6 Susc. s<sup>te</sup>. Croix. |
| vend 7, s<sup>te</sup>. Aubierge. | lundi 7 s. Gaëtan. |
| same 8 s<sup>te</sup>. Elisabeth. | mard 8 s. Justin, m. |
| 7 D. 9 s<sup>te</sup>. Victoire. | merc 9 s. Spire. |
| lundi 10 s<sup>te</sup>. Félicité. | jeudi 10 s. Laurent, m. |
| mard 11 Tr. s. Benoît. | vend 11 Susc. s<sup>te</sup>. Cour. |
| merc 12 s. Gualbert. | same 12 s<sup>te</sup>. Claire. |
| jeudi 13 s. Turiaf, év. | 12 D. 13 s. Hyppolite. |
| vend 14 s. Bonaventur. | lundi 14 s. Eusèbe. v. j. |
| same 15 s. Henri, emp. | mard 15 ASSOMPT. |
| 8 D. 16 s. Eustate, év. | merc 16 s. Roch. |
| lundi 17 s. Spérat et C. | jeudi 17 s. Mammès. |
| mard 18 s. Clair. | vend 18 s<sup>te</sup>. Hélène. |
| merc 19 s. Vincent de P | same 19 s. Louis, év. |
| jeudi 20 s<sup>te</sup>. Marguerite | 13 D. 20 s. Bernard, ab. |
| vend 21 s. Victor, m. | lundi 21 s. Privat, év. |
| same 22 s<sup>te</sup>. Madeleine | mard 22 s. Symphorien. |
| 9 D. 23 s. Apollinaire. | merc 23 s. Sidoine, év. |
| lundi 24 s<sup>te</sup>. Christine. | jeudi 24 s. Barthélemy. |
| mard 25 s. Jacques le m | vend 25 s. LOUIS, roi. |
| merc 26 s. Christophe. | same 26 s. Zéphirin. |
| jeudi 27 s. Pantaléon. | 14 D. 27 s. Césaire, év. |
| vend 28 s<sup>te</sup>. Anne. | lundi 28 s. Augustin. |
| same 29 s<sup>te</sup>. Marthe. | mard 29 Déc. s. Jean-B. |
| 10 D. 30 s. Abdon, m. | merc 30 s. Fiacre. |
| lundi 31 s. Germain A. | jeudi 31 s. Ovide. |

| SEPTEMBRE. | OCTOBRE. |
|---|---|
| *N.L. le 7, à 2 h. du s.* | *N.L. le 7, à 7 h. du m.* |
| *P.Q. le 15, à 2 h. du s.* | *P.Q. le 15, à 1 h. du m.* |
| *P.L. le 22, à 6 h. du m.* | *P.L. le 21, à 4 h. du s.* |
| *D.Q. le 29, à 3 h. du m.* | *D.Q. le 28, à 7 h. du s.* |

| | | | | | |
|---|---|---|---|---|---|
| vend | 1 | s. Leu, s. Gilles | 19 D. | 1 | s. Remi, év. |
| same | 2 | s. Lazare. | lundi | 2 | s<sup>te</sup>. Anges G. |
| 15 D. | 3 | s. Grégoire, p. | mard | 3 | s. Cyprien. |
| lundi | 4 | s<sup>te</sup>. Rosalie. | merc | 4 | s. Franç. d'As. |
| mard | 5 | s. Bertin, ab. | jeudi | 5 | s<sup>te</sup>. Aure, v. |
| merc | 6 | s. Onésipe, év. | vend | 6 | s. Bruno. |
| jeudi | 7 | s. Cloud, pr. | same | 7 | s. Serge et s. B. |
| vend | 8 | NAT. DE LA V. | 20 D. | 8 | s. Demètre. |
| same | 9 | s. Omer, év. | lundi | 9 | *s. Denis, év.* |
| 16 D. | 10 | s<sup>te</sup> Pulquerie. | mard | 10 | s. Géréon, m. |
| lundi | 11 | s. Patient, év. | merc | 11 | s. Firmin, év. |
| mard | 12 | s. Serdot, év. | jeudi | 12 | s. Vilfride, év. |
| merc | 13 | s. Maurille. | vend | 13 | s. Gérand, c. |
| jeudi | 14 | Exal. s<sup>te</sup>. Cr. | same | 14 | s. Caliste, p. |
| vend | 15 | s. Nicomède. | 21 D. | 15 | s<sup>te</sup>. Thérèse. |
| same | 16 | s. Cyprien. | lundi | 16 | s. Gal, ab. |
| 17 D. | 17 | s. Lambert. | mard | 17 | s. Cerbonnet. |
| lundi | 18 | s. Jean Chris. | merc | 18 | s. Luc, évang. |
| mard | 19 | s. Janvier. | jeudi | 19 | s. Savinien. |
| merc | 20 | s. Eustach. 4 T. | vend | 20 | s. Sendou, pr. |
| jeudi | 21 | s. Mathieu. | same | 21 | s<sup>te</sup>. Ursule, v. |
| vend | 22 | s. Maurice. | 22 D. | 22 | s. Mellon. |
| same | 23 | s<sup>te</sup>. Thècle, v. | lundi | 23 | s. Hilarion. |
| 18 D. | 24 | s. Andoche. | mard | 24 | s. Magloire. |
| lundi | 25 | s. Cléophas, d. | merc | 25 | s. Crépin s. Cr. |
| mard | 26 | s<sup>te</sup>. Justine. | jeudi | 26 | s. Rustique. |
| merc | 27 | s. Côme s. D. | vend | 27 | s. Frumence. |
| jeudi | 28 | s. Céran, év. | same | 28 | s. Simon s. J. |
| vend | 29 | s. Michel arch. | 23 D. | 29 | s. Faron, év. |
| same | 30 | s. Jérôme. | lundi | 30 | s. Lucain. |
| | | | mard | 31 | s. Quentin, *v. j.* |

| NOVEMBRE. | DÉCEMBRE. |
|---|---|

*N. L. le 6, à 32 m. du m.*  
*P. Q. le 13, à 10 h. du m.*  
*P. L. le 20, à 3 h. du m.*  
*D. Q. le 27, à 3 h. du s.*

*N. L. le 5, à 4 h. du s.*  
*P. Q. le 12, à 6 h. du s.*  
*P. L. le 19, à 4 h. du s.*  
*D. Q. le 27, à 1 h. du s.*

| merc | 1 | TOUSSAINT. | vend | 1 | s. Éloi, évêq. |
|---|---|---|---|---|---|
| jeudi | 2 | Les Trépassés. | same | 2 | s. François X. |
| vend | 3 | s. Marcel, év. | 1 D. | 3 | L'AVENT. |
| same | 4 | s. Charles B. | lundi | 4 | s<sup>te</sup>. Barbe. |
| 24 D. | 5 | s<sup>te</sup>. Bertilde. | mard | 5 | s. Sabas, ab. |
| lundi | 6 | s. Léonard. | merc | 6 | s. Nicolas. |
| mard | 7 | s. Willebrod. | jeudi | 7 | s<sup>te</sup>. Fare, v. |
| merc | 8 | s<sup>tes</sup>. Reliques. | vend | 8 | CONCEPTION. |
| jeudi | 9 | s. Mathurin. | same | 9 | s<sup>te</sup>. Gorgonie. |
| vend | 10 | s. Léon, 1<sup>er</sup> p. | 2 D. | 10 | s<sup>te</sup>. Valère, v. |
| same | 11 | s. Martin, év. | lundi | 11 | s. Fuscien, m. |
| 25 D. | 12 | s. René, év | mard | 12 | s. Damase. |
| lundi | 13 | s. Brice, év. | merc | 13 | s<sup>te</sup>. Luce, v. m. |
| mard | 14 | s. Maclou. | jeudi | 14 | s. Nicaise. |
| merc | 15 | s. Eugène, m. | vend | 15 | . Mesmin. |
| jeudi | 16 | s. Eucher, év. | same | 16 | ste. Adélaïde. |
| vend | 17 | s. Agnan, év. | 3 D. | 17 | s<sup>e</sup>. Olympiade. |
| same | 18 | s<sup>te</sup>. Aude, v. | lundi | 18 | s. Gatien, év. |
| 26 D. | 19 | s<sup>te</sup>. Elisabeth. | mard | 19 | s<sup>te</sup>. Meuris. |
| lundi | 20 | s. Edmond, r. | merc | 20 | s. Philog. 4 T. |
| mard | 21 | Prés. de la V. | jeudi | 21 | s. Thomas, a. |
| merc | 22 | s<sup>te</sup>. Cécile. | vend | 22 | s. Honorat. |
| jeudi | 23 | s. Clément. | same | 23 | s. Yves. v. j. |
| vend | 24 | s<sup>te</sup>. Flore, v. | 4 D. | 24 | s. Delphin. |
| same | 25 | s<sup>te</sup>. Catherine. | lundi | 25 | NOEL. |
| 27 D. | 26 | s<sup>te</sup>. Gen. des A. | mard | 26 | *s. Etienne, m.* |
| lundi | 27 | s. Vital, m. | merc | 27 | *s. Jean, ap.* |
| mard | 28 | s. Sosthène. | jeudi | 28 | s<sup>ts</sup>. Innocens. |
| merc | 29 | s. Saturnin. | vend | 29 | s. Thomas de C |
| jeudi | 30 | s. André. | same | 30 | s<sup>te</sup>. Colombe. |
|  |  |  | D. | 31 | s. Sylvestre. |